·高等学校计算机基础教育教材精选·

Photoshop CS4 图形图像处理教程

赵祖荫 主编

王瑞莉 周晓燕 邹瑛 编著

清华大学出版社

北京

内 容 简 介

本书从图像处理的基础知识入手,详细介绍了 Photoshop CS4 的各项基本功能,以及图像处理技术中最基本、最实用的知识。全书共 11 章,依次介绍了平面设计的基础知识、Photoshop CS4 的工作环境、选区与图像的编辑、路径与形状应用、图像色彩的调整、图层的应用、通道与蒙版、滤镜及其应用、网络图像、图像自动化处理以及综合应用实例。

本书可作为高等学校非计算机专业图像处理课程的教材,也可作为学习图像处理技术的自学教材。

图书在版编目(CIP)数据

Photoshop CS4 图形图像处理教程 / 赵祖荫主编 . —北京:清华大学出版社,2010.1
(高等学校计算机基础教育教材精选)
ISBN 978-7-302-21803-6

Ⅰ. ①P… Ⅱ. ①赵… Ⅲ. ①图形软件,Photoshop CS4—高等学校—教材 Ⅳ. ①TP391.41

中国版本图书馆 CIP 数据核字(2009)第 241691 号

责任编辑:焦　虹　赵晓宁
责任校对:白　蕾
责任印制:王秀菊

出版发行:清华大学出版社　　　　　　　　　　　地　　址:北京清华大学学研大厦 A 座
　　　　　http://www.tup.com.cn　　　　　　邮　　编:100084
　　　社　总　机:010-62770175　　　　　　邮　　购:010-62786544
　　　投稿与读者服务:010-62776969,c-service@tup.tsinghua.edu.cn
　　　质　量　反　馈:010-62772015,zhiliang@tup.tsinghua.edu.cn
印　装　者:北京国马印刷厂
经　　销:全国新华书店
开　　本:185×260　　　印　　张:17.75　　　字　　数:425 千字
版　　次:2010 年 1 月第 1 版　　　　　　印　　次:2010 年 1 月第 1 次印刷
印　　数:1~3000
定　　价:27.00 元

出版说明

在教育部关于高等学校计算机基础教育三层次方案的指导下，我国高等学校的计算机基础教育事业蓬勃发展。经过多年的教学改革与实践，全国很多学校在计算机基础教育这一领域中积累了大量宝贵的经验，取得了许多可喜的成果。

随着科教兴国战略的实施以及社会信息化进程的加快，目前我国的高等教育事业正面临着新的发展机遇，但同时也必须面对新的挑战。这些都对高等学校的计算机基础教育提出了更高的要求。为了适应教学改革的需要，进一步推动我国高等学校计算机基础教育事业的发展，我们在全国各高等学校精心挖掘和遴选了一批经过教学实践检验的优秀的教学成果，编辑出版了这套教材。教材的选题范围涵盖了计算机基础教育的三个层次，包括面向各高校开设的计算机必修课、选修课，以及与各类专业相结合的计算机课程。

为了保证出版质量，同时更好地适应教学需求，本套教材将采取开放的体系和滚动出版的方式（即成熟一本、出版一本，并保持不断更新），坚持宁缺毋滥的原则，力求反映我国高等学校计算机基础教育的最新成果，使本套丛书无论在技术质量上还是文字质量上均成为真正的"精选"。

清华大学出版社一直致力于计算机教育用书的出版工作，在计算机基础教育领域出版了许多优秀的教材。本套教材的出版将进一步丰富和扩大我社在这一领域的选题范围、层次和深度，以适应高校计算机基础教育课程层次化、多样化的趋势，从而更好地满足各学校由于条件、师资和生源水平、专业领域等的差异而产生的不同需求。我们热切期望全国广大教师能够积极参与到本套丛书的编写工作中来，把自己的教学成果与全国的同行们分享；同时也欢迎广大读者对本套教材提出宝贵意见，以便我们改进工作，为读者提供更好的服务。

我们的电子邮件地址是 jiaoh@tup.tsinghua.edu.cn。联系人：焦虹。

清华大学出版社

前言

21 世纪人类已进入了数字化的信息时代,作为数字化重要工具之一的多媒体计算机,具有综合处理图像、文字、声音和视频等信息的功能,它以丰富的图、文、声、像的多媒体信息和友好的交互性,给人们的工作、生活和娱乐带来深刻的变化。

计算机图像处理作为多媒体计算机技术的一个重要的分支,已经成为一门新兴学科,得到了快速的发展。Adobe Photoshop CS4 就是一款优秀的图形图像处理软件,在图形绘制、文字编排、图像处理和动画制作上都具有十分完善和强大的功能,能帮助设计者方便、快捷、精确地完成设计工作,深受广大用户的喜爱。

目前市场上各种非专业类的 Photoshop 教材种类繁多,有的侧重讲解软件功能,缺少实践操作的内容;有的侧重实战应用,知识点又介绍得不完整。很多学习者在进行实际项目的设计和制作时,仍然常常会感到茫然不知所措,究其原因要么是他们学习的知识不完整,要么是技术和实践有一定程度的脱节,因此他们不能够将学过的知识融会贯通、得心应手地应用到实际工作中去。本教材力求改变这种状况,本着"知识与技能并重,理论与实践互补,设计与制作兼顾,美观和实用合一"的教学思想,编写了这套图像处理教材。这套教材包括两册,《Photoshop CS4 图形图像处理教程》为课堂基本教材,《Photoshop CS4 图形图像处理实验指导》为学习的辅助教材。希望读者通过学习能够掌握图像处理软件的各项常用的功能,并具备较好的综合应用能力,能够利用图像处理软件制作出自己脑海中构思的作品。

为了使本书的学习者能够掌握较为扎实的基础知识,并能学以致用,将学过的知识融会贯通应用于实践,我们在编写过程中力求使教材符合下列原则:

(1) 实用为主,学以致用。本套教材从基础知识着手,详细介绍了图像处理技术中最基本、最实用的知识,舍弃了那些过于枯燥难懂的内容,学习者可以参照本书内容边学习、边实践,在实践中逐步掌握软件的各种基本功能。

(2) 通俗易懂,难易结合。本套教材加大了应用理论的阐述,书中既有以熟悉软件基本操作为目的的简单操作,又包含一些较为复杂的图形图像处理技法。各章内容的安排紧凑,主题与素材的内在联系较为紧密,避免了结构松散、内容臃肿的问题;在语言表达上力求简单明了,操作步骤力戒述而不止;在《Photoshop CS4 图形图像处理实验指导》中精心设计的每章实验题与思考题起到了加深理解各重要知识点的作用。

(3) 定位明确,通用性强。本套教材适用于普通高校非计算机专业的本科学生、各类高职、高专等大专学生的图像处理教学,也可以作为各类初、中级从事平面设计人员和电脑爱好者的自学读本。初学者可以跟随本教材的讲解由浅入深,从入门学起;也可以让有一定基础的学习者学到较为深入的知识、综合技巧以及相关的设计基础知识。

本教材中用到的素材,各图像处理的结果,以及教学用的 PPT 电子教案都放在光盘上,光盘附在与本教材配套的《Photoshop CS4 图形图像处理实验指导》中,也可以到清华大学出版社的网站上下载。

在与本教材配套的《Photoshop CS4 图形图像处理实验指导》中不仅安排了与本教材各知识点配套的相关实验和操作步骤,还在每章实验中安排了实验后的思考题,便于学习者复习巩固和加深理解学过的重点知识。每章实验中的典型例题分析与解答,安排了有一定深度和难度的实例,供学习者自学提高或教师上课时选作例题。本套教材教学课时数可安排为 36~54 课时。

本教材的第 1 章由王瑞莉编写,第 2、6、7 章由王瑞莉、赵祖荫编写;第 3~5、8 章由周晓燕、赵祖荫编写,第 9 章由邹瑛编写,第 10、11 章由赵祖荫、徐玉麟编写。赵卓群、李玉芫、方亦心、盛敏佳参与了本书部分章节的编写和实例的制作,全书由赵祖荫拟定大纲并统稿。

由于时间仓促,书中不妥与错误之处敬请读者批评指正。

编者

2009 年 10 月于上海

目录

第 1 章 平面设计与图形图像概述

本章学习重点：

- 了解平面设计的基本概念和基础知识；
- 了解图形、图像的基本概念；
- 掌握图像色彩的基本知识。

1.1 平面设计简介

平面设计最大特征是利用基本图形，按照一定的规则和方法，在平面上组合成图案。主要在二度空间范围之内，是以轮廓线划分图与地之间的界限，从而描绘形象。而平面设计所表现的立体空间感，是通过图形对人的视觉进行作用而形成的一种空间幻想的形象。平面设计可以在最短暂的时间内为人们传递最时尚、最丰富、最前沿、最明晰的艺术性信息。

1. 平面设计的基本元素

平面设计的基本元素表面看好似很复杂，事实上基本元素主要就是文字、图形、色彩这三大元素，并且在平面设计中各自都有不同的表现方式和作用，同时又互相联系，紧密配合成为一体，如图 1-1～图 1-6 所示。

图 1-1 字体设计示意图之一

图 1-2 字体设计示意图之二

2. 平面设计中的表现形式

平面设计时常借助文字、图形和色彩来表现设计的主题和思想，并且通过以下几种基本的形式进行表现和应用。

图 1-3　图形设计示意图

图 1-4　色彩设计示意图

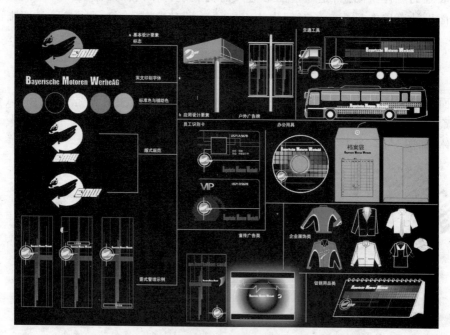

图 1-5　综合设计示意图之一

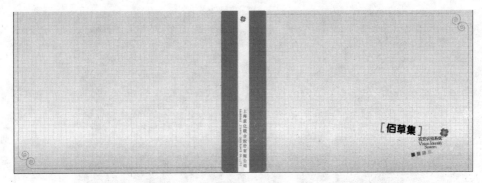

图 1-6　综合设计示意图之二

（1）和谐：和谐的平面设计标准是建立在统一和对比基础上的最高的、最美的标准，是在判断两种以上的要素，或部分与部分的相互表现时，各部分给予人们的感觉和意识，是一种整体协调的关系，如图 1-7 所示。

图 1-7　和谐表现形式的图像

（2）对比：又称为对照，为使人感觉鲜明强烈且富有统一感，而把质或量反差很大的两个元素成功地搭配在一起，使主体更加鲜明、作品更加活跃，如图 1-8 所示。

（3）对称：以一个图形的中央为中心线，将图形分为左右或是上下同等、同量的一种形式，其左右或上下两个部分的图形完全相等。给人创造庄重沉稳、高贵大气的信赖感。

（4）平衡：在平面设计中指的是根据图像的形量、大小、轻重、色彩等因素来分布作用与视觉判断上的平衡，可分为对称式平衡和非对称平衡，平衡的静态美可以营造安定、大方、庄重的效果和气氛，如图 1-9 所示。

（5）比例：自然界所存在的一些固有的事物产生比例的美。是部分与部分，或部分与全体之间数量的一种比率关系。比例是平面设计中编排组合的重要因素，也是用来表现现代生活和科技时代的抽象艺术形式，如图 1-10 所示。

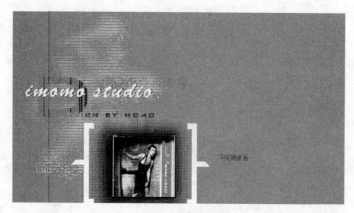

图 1-8　对比表现形式的图像

图 1-9　平衡表现形式的图像

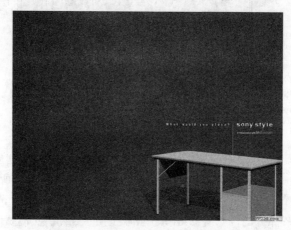

图 1-10　强调比例表现形式的图像

（6）重心：画面的中心视点，就是视觉的重心点，画面中图像各种丰富的变化：如轮廓的变化，图形的聚散，色彩的运用或是明暗的分布都可能对视觉重心产生作用。

（7）节奏：节奏是具有时间感的一种表现形式，不仅在音乐中发挥重要作用，同样在平面设计中通过同一要素连续重复产生的运动感，给人创造动态的美，如图 1-11 所示。

（8）韵律：在平面设计中单一的个体元素组合重复比较呆板、单一。而水中的涟漪由小变大加上美丽的水花，产生无限的意境，从规律变化的形象、大小、明暗及色彩等方面处理排列，使之产生音乐般的旋律感，成为韵律，如图 1-12 所示。

 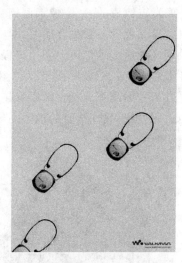

图 1-11　强调节奏表现形式的图像　　　　图 1-12　强调韵律表现形式的图像

1.2　图形图像的基本概念

图形和图像是两个经常可以听到的不同概念的词汇。图形一般可用计算机软件绘制，是由点、线、面等元素组合而成的，又常被称为矢量图形；图像则是可由计算机输入设备捕捉的实际场景的画面，或以数字化形式存储的画面，又称为位图图像。两者都是数字化的文件，但在感觉器官的复杂度和意义上是不同的，所传达的视觉效果也是不同的。

1.2.1　图形图像的种类

1. 矢量图

矢量图也叫向量图形，是用一组指令集来描述的。这些指令描述了构成一幅图画的所有直线、曲线、矩形、圆、圆弧等的位置、形状和大小。它们在计算机内存中表示成一系列的数值，这些数值决定了这些图形如何显示和反映在屏幕上。此种类的图形无论放大或缩小多少倍，都有精确的视觉效果，平滑的边缘和清晰度，同时其容量相对比较小，不容易表达丰富的色彩。

而基于矢量图形的软件有 CorelDRAW、Illustrator、Freehand、3DS MAX 等。矢量图形主要适用于精确线型的标志设计、图案设计、文字设计、版式设计等，所生成的文件比位图文件要小，同时印刷产生的精度比较高。

2. 位图

位图也称点阵图像或像素图像,可用数码相机或扫描仪等设备获取。位图图像是由一个个像素点组成的,一个像素可用一个或多个内存位来存储,由描述图像的各个像素点的明暗强度与颜色的位数集合而成。与矢量图形的最大区别是,位图图像更容易描述物体的真实效果。将这类图像放大到一定程度,可以看到它是由一个个小方格组成的,这些小方格就是像素点,如图1-13(b)所示。位图图像的大小和质量取决于图像中像素点的多少。通常每平方英寸的面积上所含像素点越多,图像就越清晰,颜色之间的混合就越平滑,同时文件也越大,越容易表现丰富的色彩图像。

(a) 全图   (b) 放大局部

图 1-13 位图图像放大后的效果显示

基于位图的软件有 Adobe Photoshop、Adobe Fireworks 等,比较适合制作各种特殊效果、图像处理和网页设计等。

1.2.2 图像的大小、分辨率和像素

在图形、图像处理中分辨率和像素这两个基本概念是非常重要的。图像的大小和图像的分辨率、像素也有密切的关系。图像的分辨率越高,所包含的像素点就越多,则图像的信息量也就越大,文件也就越大;反之亦然。要制作精度准确、清晰度高的图像,要使自己成为一个合格的设计人员是必须要先了解这组概念的。

1. 像素(Pixel)

像素是图像显示的基本单位。被视为图像的最小的完整采样,是有颜色的小方块。而图像就是由若干个小方块组成的。它们有各自的颜色和位置,因此小方块越多,也就是像素越多,那么图像也就越清晰,但图像的大小也就越大。

像素可以用一个数来表示,例如一个"3M 像素"的数码相机,它有额定约 300 万像素。再例如"1024 乘 768 显示器",它有横向 1024 像素和纵向 768 像素,因此其总数为 1024×768=786 432 像素。

2. 分辨率(Resolution)

分辨率指图像文件中单位面积内像素点的多少;或者说所包含的细节和信息量,也

可指输入、输出或者显示设备能够产生的清晰度等级。通常可以分为以下几种不同的分辨率：

（1）屏幕分辨率：指在特定显示方式下，显示器能提供的分辨率，以水平和垂直的像素来表示。例如显示器的分辨率为 1024×768，是指显示器一条扫描线上有 1024 个像素，而整个屏幕共有 768 条扫描线。可在如图 1-14 所示的【显示属性】对话框中完成屏幕分辨率的设置。

（2）图像分辨率：指构成一幅图像所用的像素点数，以水平和垂直的像素点表示，图像分辨率是以每英寸含多少个像素来计算的，通常用 dpi（像素/英寸）为单位。图像的分辨率越高，则每英寸包含的像素点就越多、越密，图像的颜色过渡就越平滑。同时图像的分辨率和图像的大小有着不可分割的关系，图像的分辨率越高，那所包含的像素点

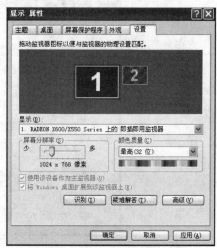

图 1-14　屏幕分辨率的设置图示

就越多，则图像的信息量也就越大，文件的容量也就越大。如果图像用于计算机和网页中，使用 72 像素即可；但如果用于印刷，则分辨率应设为 300 或 300 以上像素，否则图像会像素化，如图 1-15 所示。

(a) 低分辨率的图像　　　　　　　　(b) 高分辨率的图像

图 1-15　不同分辨率图像的显示效果

例如一幅 A4 大小的 RGB 彩色图像，若分辨率为 300dpi，则文件的大小为 20MB 以上。若分辨率为 72dpi，则文件的大小为 2MB 左右，如图 1-16 和图 1-17 所示。

（3）扫描仪分辨率：指在扫描前所设置的扫描仪的解析极限，其单位与打印机的相同（dpi）。台式扫描仪的分辨率一般有两种不同的规格：一种是输出分辨率，通过强化软件及插补点产生的分辨率，大概可以达到光学分辨率的 3～4 倍；一种是光学分辨率，是用扫描仪真正扫描到的分辨率，目前可达到 800～1200 像素或者更高。

（4）打印机分辨率：打印机分辨率单位为 dpi（dots per inch，是指喷墨或者激光打印机每英寸所产生的墨点数目），是输出分辨率的单位，是针对输出设备而言的。

一般彩色喷墨打印机的输出分辨率为 180～720dpi；激光打印机的输出分辨率为 300～600dpi。

图 1-16　设置图像分辨率为 300dpi

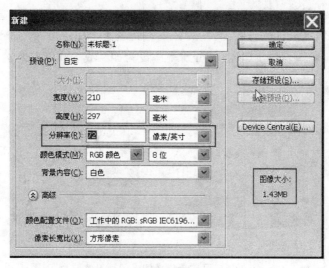

图 1-17　设置图像分辨率为 72dpi

1.2.3　常用的图像文件格式

为了适应不同应用的需要,图形或图像可以以多种文件格式存储,不同的图形或图像文件格式具有不同的存储特性,不同格式图形或图像之间也可以通过一些工具软件来互相转换。以下介绍一些比较常用的图形、图像文件格式。

1. PSD(＊.PSD)格式

PSD 格式是 Photoshop 特有的、非压缩的图像文件格式,是唯一支持所有的图像模式,还可以完整保存 Photoshop 的所有工作状态,包括图层、通道、参考线、颜色模式等数据信息。Photoshop 可以将图像保存为其他格式,但会使图层等信息丢失,且不方便修改。由于 Photoshop 的信息数据比较多,所以导致需要较大的储存容量。

2. JPEG(＊.JPG)格式

JPG 格式是图像最常用的一种有损压缩的图像格式之一,也是一种支持 24 位真彩色的静态图像的文件格式。

JPG 格式支持 CMYK、RGB 和灰度的颜色模式,但是不支持 Alpha 通道。它可以保留 RGB 中所有的颜色信息,然而在存储时可以选择不同的压缩级别,就可能使得图像的质量发生变化和损失。

JPG 格式最大的优点就是文件因经过压缩而容量比较小,但同样也因为压缩而使其在保存后与原图产生差别,图像质量降低,印刷品则不建议使用这种格式。

3. GIF(＊.GIF)格式

GIF 格式的英文原意是"图像互换格式",是使用 LZW 压缩方式产生容量小且无损压缩的一种图像文件格式,它使用 8 位的图像颜色,并能够保留锐化细节。而 GIF 格式最大的特点是用来制作动画,我们在互联网上经常可以看到 GIF 格式的逐帧动画。这种格式最多只能包含 256 种颜色。

4. BMP(＊.BMP)格式

BMP 格式是 Windows 标准的位图式的图像文件格式。可以支持 RGB、索引颜色、灰度颜色和位图颜色模式,但不支持 Alpha 通道和 CMYK 模式的图像。BMP 格式的文件有压缩和非压缩之分,通常情况下 BMP 格式的文件占用空间比较大。

5. TIF(＊.TIF)格式

TIF 格式是一种与平台无关、与应用程序无关、与图像本身无关的图像文件格式。TIF 是 Tag image File Format 的缩写,中文含义为"标签图像格式"。可以在多个软件和平台间交互使用,支持 RGB、CMYK、Lab、灰度颜色和位图等颜色模式,并且前 3 种颜色模式可以支持 Alpha 通道、路径和图层功能。应用范围广泛,具有非常强的兼容性。

6. PNG(＊.PNG)格式

PNG 格式是 Netscape 公司开发出来的一种图像格式,是 Portable Network Graphics 的缩写,中文译为"便携式网络图像"。可以作为网络图像应用于 Internet 上。与 GIF 一样可以保留锐化细节,但要比 GIF 更加丰富,可以支持 24 位和 48 位真彩色,并支持透明背景和消除锯齿边缘等功能。

PNG 格式只在 RGB 和灰度模式下支持 Alpha 通道,在浏览器中欣赏图片时就变成由模糊转为清晰的渐淡效果了。因 PNG 对浏览器的兼容性不够高,故网页中经常使用 GIF 和 JPG 格式。

7. PDF(＊.PDF)格式

PDF 格式是 Adobe 公司开发的比较灵活的、适用于不同平台和软件的一种文件格式。这种格式可以精确显示并保留字体、页面版面、矢量和位图图像,还可以支持电子文档搜索、超链接、导航等功能。

PDF 可以支持 RGB、CMYK、索引颜色、灰度颜色和位图等颜色模式,并支持通道、图层及 JPG、ZIP 等压缩的格式和数据信息。因其具有良好的传输及文件信息保留功能,PDF 格式也成为无纸办公环境中首选的方便型文件格式。

8. EPS(＊.EPS)格式

EPS 格式是压缩的 Post Script 格式的变体之一。用于在应用程序间传递 Post Script 语言图片信息,在排版软件中以低分辨率预览,以高分辨率打印输出。

可以支持 Photoshop 中的所有颜色模式,但不支持 Alpha 通道。在位图的模式下,将白色像素设定为透明的背景。

1.3　图像色彩的基础

色彩是一个丰富的概念,不论在生活中还是工作中都充当了重要的角色。平时我们可以看到各种各样丰富多变的色彩——城市的色彩、企业的色彩、个人的色彩等,无论哪一种色彩,都能够体现出事物的特色和风格来,左右观赏者对物体或事物的印象。因为有了色彩,生活变得丰富且美丽。

1.3.1　色彩的形成

物体本身是没有什么颜色的,没有光就没有色。光是一切视觉艺术存在的前提条件。由于各种物体对光谱中的各个不同部分有不同的吸收和反射,才产生绚丽缤纷的颜色。而色彩的产生需要主客观的结合,就是除了光和客观存在以外,眼睛就是感受色彩的生物物质的主体和条件。而眼睛作为色彩的"接收"系统,在色彩中起到十分重要的作用。那么,光、物体和眼睛就成为色彩形成的 3 个不可缺少的因素。

1.3.2　色彩的分类

色彩可以分为无色彩系和有色彩系,这成为色彩的主要类别。

1. 无色彩系

没有色彩的色相变化和纯度变化,只有黑白灰明度的层次变化。

2. 有色彩系

有色彩系指具有色彩的色相、明度、纯度变化的颜色，它们构成了五彩缤纷的世界。如在光谱中就可以看到的红、橙、黄、绿、青、蓝、紫等颜色。

而色彩又可以带给人类各种各样的视觉感受和情感感受，如红色，是可见光谱中波长最长的颜色，可以表达强烈、刺激的视觉效果，同时又具有热情、华丽、革命、危险等心理情感的味道。

1.3.3　色彩的三要素

客观世界的色彩千变万化。而真正视觉所感知的一切色彩的形象，都具有色相、明度和纯度这 3 种特性，这 3 种特性也就是色彩最基本的三元素。

1. 色相

色相即色彩的相貌，是区别色彩种类的名称。人类的视觉能感受到红、橙、黄、绿、青、蓝、紫这些不同特征的色彩，并且给这些可以相互区别的颜色定出名称，就形成了色相的概念。正是由于色彩具有这些具体相貌的特征，才能让人类感受到一个五彩缤纷的世界。

而大自然有时也会向人类展示一下光谱的秘密——雨后的彩虹，它是自然界中最美的景象，是光谱中的色相发射出色彩的原始光辉，而它们则构成了色彩体系中的色相。

因此，色相就很像色彩外表的华美肌肤。能够体现色彩外向的性格，是色彩的灵魂，如图 1-18 所示。

图 1-18　色相的应用

2. 明度

明度即色彩的明暗程度，也就是色彩的深浅变化和差别。

在无色彩中，明度最高的颜色为白色，明度最低的颜色为黑色，中间存在一个从亮到暗的灰色。在有色彩中，任何一种纯度色都有着自己的明度特征。尤其在视觉上反应越强烈、越刺激、越明显的颜色，明度也就越高。如黄色为明度最高的颜色，处于光谱的中心位置，而紫色是明度最低的颜色,处于光谱的边缘位置。

因此,明度要素可以看作色彩的骨骼,它是色彩结构的关键,如图 1-19 所示。

3. 纯度

纯度即色彩的纯净程度,也称为鲜艳程度(饱和度)。

真正意义上纯度最高的颜色为原色,混合次数越多的颜色,其纯度也就越低;反之混合次数越少,其纯度就越高。

例如蓝色,当它混入了白色时,虽然仍旧具有蓝色相的特征,但它的纯度降低,明度提高,成为淡蓝色;当它混入黑色时,纯度降低,明度变暗,成为深蓝色;当混入与蓝色明度相似的中性灰时,它的明度没有改变,但是纯度却降低,成为灰蓝色。

因此,纯度则体现色彩内向的品格。同一色相,即使纯度发生了细微的变化,也会带来色彩性格的变化,如图 1-20 所示。

图 1-19　明度的应用

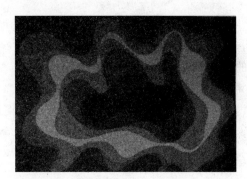
图 1-20　纯度的应用

1.3.4　色彩的表现技法简介

色彩的语言丰富而美丽,它可以包装人类的视觉,感知人类的心灵。其中色彩的构成及其表现技法也是妙趣横生的,构成可以通过色彩的一些原理和形式美的法则来实现色彩的各种表现技法。根据人类对色彩的视觉、生理、心理效应,来进行多方面和多形式的组合。

通过色彩的基本表现技法来了解一些色彩构成的主要内容。

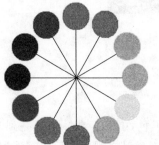
图 1-21　色环

1. 色彩的对比

(1)色彩的色相对比:不同颜色并置,在比较中呈现色相差异,称为色相对比,如图 1-21 所示。可以从色环中任意提取色彩进行对比,相邻的为邻近色,相隔的为中差色,相对的为对比色。

(2)色彩的明度对比:每一种颜色都有自己的明度特征。当它们进行对比时,会有明显明暗深浅的差异,这就是色彩的明度对比。明度对比有同色相之间的对比,也有不同色相之间的对比。

注意:在黑色或白色的明度对比中,要清楚地了解黑和白的冷暖特性。

白色是冷色,因此暖色加白,明度提高,但趋于冷色;冷色加白,明度提高,则趋于暖色;黑色则是暖色,因此暖色加黑,明度降低,但趋于冷色;冷色加黑,明度降低,则趋于暖色。

(3)色彩的纯度对比:因色彩纯度的差异而形成的色彩鲜浊度对比称为纯度对比。如一个鲜艳的红色与一个含有一定量灰的红色并置,可以比较出它们在鲜浊上的差异。

注意:高纯度的对比比较强,冷色更冷,暖色更暖。低纯度的对比则较弱,如图1-22和图1-23所示。

图1-22　高纯度的对比

图1-23　低纯度的对比

(4)色彩的面积对比:是各种色彩在数量上所占用的比例对比,是数量的大与小,面积多和少之间的对比关系。而色彩的感情与面积的大小有很大的关系,色彩的面积大小可以改变色彩的情绪和面貌。一种色彩能否成为主色、主调,它在整个色彩区域与其他色面积的比例可以起决定性的作用。"万绿丛中一点红"的说法,非常形象地说明了色彩的面积对比产生的效果差异,如图1-24所示。

图1-24　面积对比的应用

注意：作为大面积使用的主色调其饱和度和亮度的最高值为橙色，通过适当面积的白色加入，协调和平衡了视觉。主体物的深红纹样的图片点缀着纯度、亮度较高的红色有醒目作用，缩小面积却又能突出视觉中心点和疏密构图的对比效果。

（5）色彩的形状对比："形之不存，色将焉附"，色彩也可以通过形状来呈现出不同的特色，不同的形状的色彩，对视觉最有影响的就是聚集和分散的效果。例如在各种条件相同的情况下（如色相、明度、纯度、面积等方面），形状中方、圆、三角、多边形等，聚集程度最高的就是圆。点、线、面、体等形状中，分散程度最高的是点。

2. 色彩的调和

色彩能使人产生联想和感情，并可以唤起人们的情感，而色彩调和是人生理和心理的需求。色彩调和涉及色相、明度、纯度、面积、冷暖诸多的变化，让色彩变得更加和谐，更加丰富多彩、赏心悦目。

色彩调和中的"调"是调整、调理、调节、安排等意思；"和"为和一、和谐、和平、融洽等意思。色彩调和可以理解为通过有差别的色彩或是对比的色彩，为了构成和谐而统一起来的组合过程，同时也可以是将不同的对比色组合起来带给人一种刺激而又特别的美感的色彩关系的一种表达。

1）类似调和——秩序产生和谐

类似调和强调色彩要素中的一致性，追求色彩关系的统一感，类似调和包括同一调和与近似调和。

（1）色彩的同一调和：是指在色相、明度、纯度三要素中，某种要素完全相同，而变化其他要素。色彩的同一调和可分为单元同一调和和双元同一调和，如表1-1所示。

（2）色彩的近似调和：是指在色相、明度、纯度三要素中某种要素近似，变化其他的要素的调和方式。色调近似调和主要有近似色相调和（变化明度、纯度）、近似纯度调和和近似明度调和。如图1-25和图1-26所示，孟赛尔立体图可以通过几何的方式看到不同的调和方法。

表 1-1　色彩的同一调和表

单元同一调和	双元同一调和
同一色相调和	同色相、同明度调和
同一明度调和	同色相、同纯度调和
同一纯度调和	同明度、同纯度调和

图 1-25　色彩的近似调和示意图

2）对比调和——和谐来自对比

对比调和是强调组合而变化的和谐的色彩关系，通过各种不同方式的组合来实现和谐的色彩关系，让对比的调和更加和谐。根据伊登的色彩理论对比调和可分为二色调和、三色调和、四色调和和五色以上的调和。

(a) 垂直调和　　　　　　　　　(b) 斜内面调和　　　　　　　　　(c) 内面调和
（同种色明度系列调和）　　（互补色明度、不同纯度、秩序调和）　　（互补色同明度不同纯度系列调和）

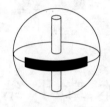
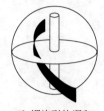

(d) 斜横面调和　　　　　　　　(e) 圆周上的调和　　　　　　　(f) 螺旋形的调和
（邻接色明度系列调和）　　（同明度色相系列调和）　　（不同色相、不同明度、不同纯度秩序调和）

图 1-26　孟赛尔立体图的不同调和方法

　　（1）二色调和：是通过色环中两个相对的颜色（互补色）组合而调和形成的色彩组合，如图 1-27 所示。

　　（2）三色调和：是色环中构成等腰三角形或等边三角形的 3 个颜色来组合的调和色彩组合。也可以将三角形进行自由的移动，获得无数个调和组合，如图 1-28 所示。

图 1-27　二色调和的应用

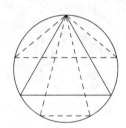

图 1-28　三色调和

　　（3）四色调和：是色环中构成正方形、长方形的 4 个颜色来组合的调和色彩组合。可采用梯形或不规则四边形获得无数个调和组合，如图 1-29 所示。

　　（4）五色以上的调和：是通过色环构成五边形、六边形等 5 个颜色以上的调和色彩组合，如图 1-30 所示。

3. 色彩的采集重构

　　色彩的采集重构是通过形式美法则和一些设计的需求，对自然的色彩和人工的色彩，以及一切可以借鉴的素材中的色彩进行借用和采纳，进行视觉平面上的再创作，把这些信息进行归纳和取舍而组合成的新型的图形。色彩的采集和重构加强了抽象的训练，感悟色彩的真正的秩序感，使得视觉的色彩审美形成。

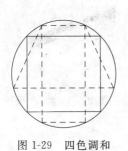

图 1-29　四色调和

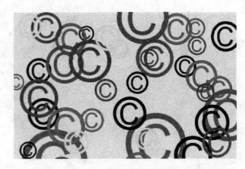

图 1-30　五色以上调和的应用

1.4　本章小结

　　本章主要介绍平面设计的基础知识、图形和图像的基础知识、图像色彩的基础知识,这三部分内容是学习图像处理的必备基础知识,是学好本书应该掌握的理论基础。

　　平面设计的基础知识可以使学习者了解基本的设计元素与它们的主要表现形式;图形和图像的基础知识介绍了图形、图像文件的种类、格式和特点;图像色彩的基础知识是完成图像色彩处理必须了解的基础知识。

　　本章的知识点较多,基本概念和很多术语对初学者来说会有一定难度,在学习过程中可以对重要的基本概念做好笔记,通过以后的学习和实验逐步加深对这些知识的理解。

Photoshop CS4 图形图像处理教程

第**2**章 Photoshop CS4 基础

本章学习重点：

- 了解 Photoshop CS4 的工作环境；
- 掌握文件和图像的基本操作方法；
- 掌握辅助工具的基本使用方法。

2.1 Photoshop CS4 工作环境介绍

Photoshop 是目前全世界采用最广泛的数码图像处理软件。被公认为最好的通用平面美术设计软件，它的功能完善，性能稳定，使用方便，几乎在所有的电影、广告、出版、软件等领域都广为使用，Photoshop 已经成为世界标准的图像编辑解决方案，它提供了功能强大，易于使用的各种解决方案。Photoshop 除了具有强大的图像处理功能之外，还有十分广泛的兼容性，能够用比较方便和快速的方法操纵图像的输出输入设备。

Photoshop CS4 在保持原来风格的基础上还将工作界面和菜单做了更加合理和规范的改变和调整，同时还增加了 3D 描绘、蒙版、调整等新的调板。在画布角度旋转，内容识别缩放，图层混合和对齐等方面也进行了改变。Photoshop 成为平面设计师和图像工作者们不可缺少的工具软件之一，是可以充分发挥自己艺术才能和想象力的工作平台。

Photoshop CS4 的工作环境也并不特殊，它有良好的兼容性和方便的自由度，可以支持 Macintosh(苹果机)或者 Windows PC 的运行。打开一个图像后 Photoshop CS4 的工作界面如图 2-1 所示。

各项含义如下。

(1) 应用程序栏：位于整个窗口的顶端，依次排放了【启动 Bridge】、【缩放级别】菜单、【查看额外内容】菜单、【抓手工具】、【缩放工具】、【旋转视图工具】、【排列文档】菜单、【屏幕模式】菜单、【高级 3D】菜单，以及用于控制文件窗口显示大小的窗口最小化、窗口最大化(还原窗口)、关闭窗口等几个快捷按钮。

(2) 菜单栏：Photoshop CS4 将所有命令集合分类后，放置在文件、编辑、图像、图层、选择、滤镜、视图、窗口和帮助这 9 类菜单中。要使用菜单中的命令时，只需将鼠标指向菜单中的某项并单击，此时将显示相应的下拉菜单。在下拉菜单中上下移动鼠标进行选择，然后再单击要使用的菜单选项，即可执行此命令。利用下拉菜单命令可以完成大部分图像编辑

图 2-1　Photoshop CS4 工作界面

处理工作。

　　技巧：如果菜单中的命令呈灰色，则表示该命令在当前编辑状态下不可用；如果在菜单右侧有一个三角符号，则表示此菜单包含有子菜单，只要将鼠标移动到该菜单上，即可打开其子菜单；如果在菜单右侧有省略号"…"，则执行此菜单项时将会弹出与之有关的对话框。

　　(3) 选项栏：位于菜单栏的下方，选择不同工具时会显示该工具所对应的选项栏，可用该工具选项栏中的功能对图像进行编辑操作。

　　(4) 工具箱：通常位于工作界面的左面，由 22 组 50 多个工具组成。要使用工具箱中的工具时，只要单击该工具图标即可使用。如果该图标中还有其他工具，单击鼠标右键即可弹出隐藏工具栏，选择其中的工具单击即可使用。

　　只要在工具箱顶部单击三角形转换符号，就可以将工具箱的形状在单长条和短双条之间变换。

　　(5) 工作窗口：显示当前打开文件的名称、颜色模式等信息。拖动工作窗口的标签，可以移动当前的工作窗口。单击工作窗口右侧的"×"按钮可以关闭工作窗口。

　　技巧：快捷键 Ctrl＋Tab 可用于多个工作窗口之间的切换。

　　(6) 状态栏：位于图像窗口的底部，显示当前文件的显示百分比和一些编辑信息如文档大小、当前工具等。单击状态栏右侧三角符号，可以打开子菜单，即可显示状态栏包含的所有可显示选项。

　　(7) 调板组：位于界面的右侧，调板组可以将不同类型的调板归类到相对应的组中并将其停靠在右边调板组中，在处理图像时需要哪个调板只要单击标签就可以快速找到相对

应的调板，从而不必再到菜单中打开。Photoshop CS4 版本在默认状态下，只要选择【菜单】|【窗口】命令，可以在下拉菜单中选择相应的调板，之后该调板就会出现在调板组中，将常用的调板集合到一起。

2.2　文件的基本操作

启动 Photoshop CS4 后，设计者可以看到一些系统的信息，接下来从最基本的操作进行介绍。

2.2.1　创建新图像文件

若在 Photoshop 中新建文件，则可以使用【文件】|【新建】命令，或使用 Ctrl＋N 键打开【新建】对话框。在此对话框中设计者可以对新建的文件做以下基本设置，如图 2-2 所示。按住 Ctrl 键，用鼠标双击 Photoshop 的空白桌面，也可以打开【新建】对话框。

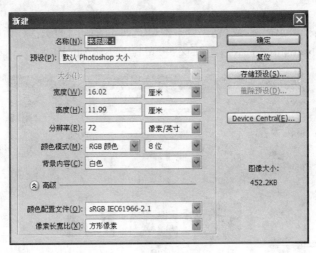

图 2-2　【新建】对话框

对话框中的各选项含义如下。

(1) 名称：可输入在 Photoshop 中新建的文件的中、英文名称。

(2) 预设：可根据需要设置图像的尺寸和大小，其中包括很多常用的预设方式。

(3) 宽度（W）/高度（H）：自定义图像的尺寸，可以根据需求选择不同单位来制作新图像。

(4) 分辨率：根据图像的最终用途和使用输出的环境来设置不同的分辨率，有两种单位【像素/英寸】和【像素/厘米】可供选择。

(5) 颜色模式：可以根据新建文档的不同需求选择不同的色彩模式。若图像是用来印刷的设计稿，则选择 CMYK 颜色模式；若是普通图像表现真实世界，则选择 RGB 颜色模式；若是单色图像，则选用灰度颜色模式。

（6）背景内容：作为新建图像的底色可分别选择为白色、背景色和透明色。

（7）颜色配置文件：用来设置新建文档的颜色配置。

（8）像素长宽比：设置新建文档的长与宽的比例。

（9）存储预设：用于将新建文档的尺寸保存为预设。

（10）删除预设：用于将保存到预设中的尺寸删除。

（11）设备中心（Device Central）：用于快速设置手机等移动设备界面大小的文档。

注意：在 Photoshop 的新建图像中一定要注意到分辨率的设置。根据图像的最终目的来确定设置不同的分辨率。若图像是通过屏幕的网络来使用的图像，一般设置 72 像素/英寸；若设计出来的图像用于印刷则要设置为 300 像素/英寸。

2.2.2 打开图像文件

Photoshop CS4 中的【打开】命令可以将储存的文件或者软件所支持的图像格式的文件打开，然后进行编辑。

1.【打开】命令

使用【文件】|【打开】命令，或使用 Ctrl＋O 键即可打开【打开】对话框，如图 2-3 所示。或者用鼠标双击 Photoshop 的空白工作区，也可以打开此对话框。

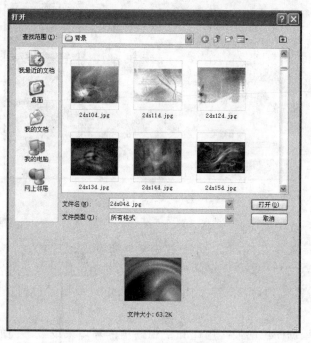

图 2-3 【打开】对话框

对话框中的各选项含义如下。

（1）查找范围：可在下拉列表中选择要打开的图像所在的文件夹，只要将所需图片选中，并单击【打开】按钮即可打开所需图片。

（2）文件名：从下拉列表中选择要打开的图像时，该图像的文件名和文件格式就会显示在文件名栏内。

（3）文件类型：为所要打开图像文件的格式，【所有格式】表示可以显示该目录下的所有格式的文件。若选择一种如 JPEG(＊.JPG；＊.JPEG；＊.JPE)，那么就只会显示所有该格式的文件。

（4）文件大小：显示所打开图像文件的大小。

2.【打开为】命令

使用【文件】|【打开为】命令，或使用 Alt＋Shift＋Ctrl＋O 键可打开【打开为】对话框。这个命令只能打开所指定格式的图像。如要打开 BMP 格式的图像，则从列表中选择 BMP(＊.BMP；＊.RLE；＊.DIB)格式。

3.【最近打开文件】命令

在菜单中的【文件】|【最近打开文件】子菜单中可以显示出以前曾经编辑过的图像文件，通过这个命令可以快速地打开最近使用过的文件，如图 2-4 所示。

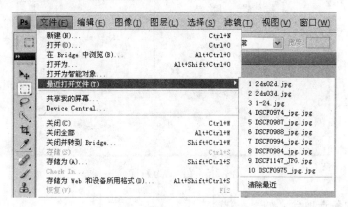

图 2-4 【最近打开文件】命令

2.2.3 存储图像文件

当设计者修改和编辑完图像应及时保存文件，如果不及时保存所编辑的图像文件，可能会丢失文件或修改的信息，这样就要重新修改和编辑图像文件了。Photoshop CS4 默认的图像文件格式是 PSD，这种文件格式存储时可以保留原文件中的图层、样式等信息，是一种可以再编辑的图像文件格式。

1.【存储】命令

使用【文件】|【存储】命令，或使用 Ctrl＋S 键即可保存文件。而此命令是把刚编辑过的图像以原路径、原文件名、原文件格式覆盖于原始文件的保存方式。因此使用此命令时要注意原文件的存放问题。

2.【存储为】命令

第一次保存新建的图像文件则会弹出【存储为】对话框,也可以选择【文件】|【存储为】命令,或使用 Shift+Ctrl+S 键即可打开【存储为】对话框。这种保存方式不针对原图像进行覆盖,而是另外指定存储的路径、文件名称和文件格式更换的保存方式,如图 2-5 所示。

图 2-5 【存储为】对话框

对话框中的各选项含义如下。

(1) 保存在:可以单击下拉列表选择存放文件的位置。若要新建文件夹,可直接单击右侧的【新建文件夹】按钮。

(2) 文件名:可以为所修改和编辑的图像命名。

(3) 格式:可选择图像的存储格式保存文件。

(4) 存储:用来设置存储文件时的一些特定参数。

- 作为副本:将所编辑的文件存储为文件的副本,当前文件仍打开,不覆盖和影响原文件。

- Alpha 通道:如果文件中有 Alpha 通道时,则将通道一起保存至文件中。

- 图层:如果文件中有图层部分时,则将图层一起保存至文件中。

- 注释:如果文件中有注释部分时,则将注释一起保存。

- 专色:如果文件中有专色通道时,则通过该项将其保存。

(5) 颜色:用来对储存文件的颜色进行设置。

- 使用校样设置:当前文件如果储存为 PSD 格式或 PFD 格式时,此复选框才处于激活状态。选中此复选框,可以保存打印用到的校样设置。

- ICC 配置文件：为了更加有效地通过系统和应用程序管理色彩，可把 ICC 色彩特性描述文件内嵌在图像文件中。内嵌之后，ICC Profile 可以为图像文件描述正确的颜色空间，保证颜色的一致性。当其他的应用程序打开内嵌 ICC Profile 文件的图像时，如果相关设置和内嵌的不一致，会自动地进行判断和决定该做什么。

（6）缩览图：适用于 PSD、JPEG 等文件格式。选中该复选框，可以在保存文件时同时创建文件的缩略图信息。

（7）使用小写扩展名：在选中状态下扩展名为小写，否则为大写。

3.【存储为 Web 和设备所用格式】命令

使用【文件】|【存储为 Web 和设备所用格式】命令，或使用 Alt＋Shift＋Ctrl＋S 键即可打开【存储为 Web 和设备所用格式】对话框。可以通过各种设置，对图像进行优化，并保存为适合网络使用的 HTML 等格式，具体设置详见以后章节，如图 2-6 所示。

图 2-6　【存储为 Web 和设备所用格式】对话框

2.2.4　关闭、恢复与置入图像文件

1. 关闭图像文件

要将正在编辑的图像文件关闭可采用以下方法。

（1）选择【文件】|【关闭】命令，即可关闭图像文件。如果打开了多个图像窗口，想同时关闭，也可以选择【文件】|【关闭全部】命令。

（2）直接单击图像工作窗口栏右侧的关闭按钮，即可关闭图像文件。

（3）使用 Ctrl＋F4 键或使用 Ctrl＋W 键可关闭图像。

2. 恢复图像文件

如果在操作过程中,发现一些错误,想回到前一次编辑的保存状态时,则可以选择【文件】|【恢复】命令,或使用 F12 键亦可。

3. 置入文件

可以通过【文件】|【置入】命令,将不同格式的文件导入到当前编辑的文件中,并自动转换成对象图层。

2.3 图像编辑的基本操作

在 Photoshop CS4 中,图像的基本操作是学习后面知识的基础,如图像屏幕显示模式的控制、图像的简单编辑等。

2.3.1 图像的 3 种屏幕显示模式

在 Photoshop CS4 中处理图像的同时可以对其屏幕显示模式进行转换,屏幕模式包括标准屏幕模式、带菜单的全屏幕显示模式和全屏幕显示模式,3 种不同的屏幕显示模式可以互相切换使用。

技巧:三种模式可通过按 F 键来切换;如需更大的工作空间,则按 Tab 键可以显示或隐藏工具箱和各种调板,按 Esc 键可以返回标准屏幕模式。

1. 标准屏幕模式

标准屏幕模式为系统默认的模式,如图 2-7 所示。在此模式下可以显示 Photoshop 中的所有组件,如菜单栏、工具栏、应用程序栏和控制调板等。

图 2-7　标准屏幕模式

2. 带菜单的全屏幕显示模式

带菜单的全屏幕显示模式,如图 2-8 所示。这种模式不显示工作窗口名称,只显示带有菜单栏的全屏模式。图像窗口最大化显示,为图像的编辑操作提供了较大的空间。

图 2-8　带菜单的全屏幕显示模式

3. 全屏幕显示模式

全屏幕显示模式如图 2-9 所示。选用这种模式会切换为黑色屏幕模式。不显示菜单栏和工具栏,可以十分清晰地观看图像的效果。

图 2-9　全屏幕显示模式

2.3.2 图像显示比例的调整

在制作图像的过程中,为了更好地编辑和修改图像的局部,经常要放大或缩小图像的比例,因此控制图像的显示比例就成为提高工作效率的重要环节。

1. 缩放工具的使用

在工具箱中选择【缩放工具】🔍,又称放大镜工具。将光标移至工作窗口,单击图像可进行图像的缩放操作。同时也可以进行局部缩放,即用缩放工具移动光标到图像窗口后,在需要放大的局部区域拖曳鼠标拉出一个虚线框,松开鼠标后,虚线框内的局部图像区域就被放大到整个图像窗口,如图 2-10 所示。

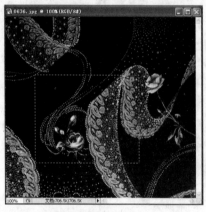 

(a) 原图像选框放大区域   (b) 原图像选框放大结果

图 2-10   局部放大

注意:使用【缩放工具】要注意图像的显示比例与图像实际尺寸是有区别的,图像显示比例越大,并不代表图像的尺寸就越大。在图像显示比例扩大或缩小时,并不影响图像的尺寸、像素数量以及分辨率。

选择【缩放工具】后,在菜单的下方会出现如图 2-11 所示的工具选项栏,各选项含义如下。

图 2-11 【缩放工具】选项栏

(1) 调整窗口大小以满屏显示:选中此项后,Photoshop 会自动调整图像窗口的大小,使图像以满屏的方式显示。

(2) 缩放所有窗口:选中此项后,同时缩放全部打开的窗口。

(3) 实际像素:单击此项,图像以 100% 的比例进行显示,与双击放大镜🔍的效果相同。

(4) 适合屏幕:单击此项,图像则以显示器的大小,最合适的方式显示。

(5) 打印尺寸:单击此项,图像会以打印分辨率进行显示(打印高度、宽度＝图像高度、宽度像素值/分辨率)。

技巧：

(1) 双击【缩放工具】🔍，可使图像以 100% 的比例显示。

(2) 按 Ctrl++ 键，可快速放大图像的显示比例；按 Ctrl+- 键，可快速缩小图像的显示比例。

2. 导航器控制调板的使用

选择【窗口】|【导航器】命令可打开导航器调板，也可以方便快捷地调整图像的显示比例，操作方法如下。

(1) 可在【导航器】调板左下角的输入框中直接输入图像的显示比例，如图 2-12 所示。

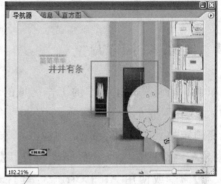

输入框

图 2-12　导航器缩放图像

(2) 可通过拖动输入框右侧的滑块 ▭ 或单击 🔼 和 🔽 图标来进行缩放。

【导航器】调板中红色的矩形框表示当前所显示的图像的窗口状态，可用鼠标在导航器中拖动，鼠标变为手形可以随意移动红色的矩形框，显示各种不同的区域，如图 2-12 所示。

2.3.3　图像大小的调整

如果打开的图像并不符合要求，可使用【图像】|【图像大小】命令或使用 Alt+Ctrl+I 键打开【图像大小】对话框，调整图像的像素大小、打印尺寸和分辨率，如图 2-13 所示，各项参数含义如下。

(1) 像素大小：用来设置图像像素的大小，在对话框中可重新定义图像的宽度和高度，单位包括像素和百分比。更改像素尺寸不仅会影响图像的显示大小，还会影响图像品质、打印尺寸和分辨率。

(2) 文档大小：设置图像的尺寸和打印分辨率，默认的图像的高度和宽度是锁定在一起的，改变其中一个数值，另一个数值也会按比例改变。

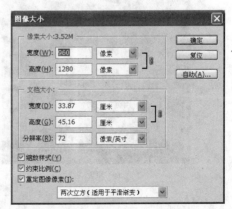

图 2-13　【图像大小】对话框

（3）缩放样式：在调整图像大小的同时可以按照比例缩放图层中存在的图层样式。

（4）约束比例：在修改图像时，自动按照比例调整其宽度和高度，图像的原比例保持不变。

（5）重定图像像素：选中此复选框，进行图像修改时，系统会按原图像的像素颜色选择一定的内插值方式重新分配新的像素，在下拉菜单中可以选择内插值的方法，包括邻近、两次线性和两次立方。

- 邻近：不精确的内插值方式，会产生锯齿效果。
- 两次线性：中等品质的内插值。
- 两次立方：精度最高的内插值方式，两次立方较平滑（适用于扩大），两次立方较锐利（适用于缩小）。

2.3.4 画布大小的调整

画布大小的调整是指创作的工作区域的调整，图像创作的工作区域变大或者变小，图像本身的大小是不变的，不会影响图像本身的比例。但是改变画布的大小可能会改变图像在画布上的位置，这也是与调整图像大小的区别。可使用【图像】|【画布大小】命令或使用 Alt＋Ctrl＋C 键打开【画布大小】对话框，如图 2-14 所示。

对话框中的各选项含义如下。

（1）当前大小：显示为当前图像的大小。

（2）新建大小：用来确定新画布的大小。当输入的宽与高大于原画布时，就会在原图像的基础上增加画布区域；反之则会裁切掉原图像，如图 2-15 所示。

图 2-14 【画布大小】对话框

(a) 原图像

(b) 增加画布后的效果

图 2-15 调整画布大小

（3）相对：勾选该复选框，输入的宽度和高度的数值将不代表图像的大小，而表示图像增加或减少的区域大小。输入的数值为正值，表示要增加图像区域；反之，表示要减少图像区域。

（4）定位：用于确定画布大小更改后，原图像在新画布中的位置。用鼠标单击所需位置的正方形块，该区域则变为白色的正方块，将尺寸加大，会得到如图 2-16 所示的页面状态。

(a) 左侧定位效果　　　　　　　　　　(b) 底侧定位效果

图 2-16　图像定位效果

（5）画布扩展颜色：设置画布增大空间的颜色。系统默认为背景色，也可以选择前景色、白色、黑色或灰色为画面扩展区域颜色，或单击列表框右侧的色块拾取所需的颜色。

2.3.5　图像的旋转与翻转

当图像发生颠倒或倾斜时，可以使用【图像】|【旋转画布】命令对画布进行旋转。在旋转画布中执行【任意角度】命令，弹出如图 2-17(a) 所示的对话框，在【角度】文本框中可输入任意数值，并可选择旋转方向为顺时针或逆时针。输入 45° 的效果如图 2-17(b) 所示。

(a) 任意旋转对话框　　　　　　　(b) 旋转效果

图 2-17　旋转任意角度示意图

其他各种旋转角度的示意图如图 2-18 所示。

(a) 原图像　　　　　　　　(b) 180°旋转效果　　　　　　(c) 垂直翻转效果

(d) 水平翻转效果　　　　(e) 顺时针翻转 90°效果　　　(f) 逆时针翻转 90°效果

图 2-18　各种旋转效果

2.3.6　图像的裁剪和裁切

1. 图像的裁剪

在图像上创建一个欲裁剪的选区,然后选择【图像】|【裁剪】命令,就可以对图像进行裁剪,如果创建的是不规则选区,执行裁减命令后仍会被裁剪为矩形,如图 2-19 所示。

(a) 裁剪前的图像　　　　　　　　　(b) 裁剪后的图像

图 2-19　图像裁剪前后的效果

2. 图像的裁切

用图像的裁切功能同样可以裁剪图像,裁切时,先要确定欲删除的像素区域,如透明色或边缘像素颜色,然后将图像中与该像素处于水平或垂直的像素的颜色与之比较,再将其进行裁切删除。选择【图像】|【裁切】命令,可打开如图2-20(b)所示的【裁切】对话框。

对话框中各选项的含义如下。

(1) 基于:用来设置要裁切的像素颜色。

- 透明像素:表示删除图像透明像素,该选项只有图像中存在透明区域时才会被激活。裁切透明像素的效果如图2-20(c)所示。
- 左上角像素颜色:删除图像中与左上角像素颜色相同的图像边缘区域。
- 右下角像素颜色:删除图像中与右下角像素颜色相同的图像边缘区域。

 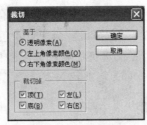 

(a)包含透明区域的图像 　　　(b)【裁切】对话框 　　　(c)透明区域裁切后的图像

图 2-20　裁切透明像素的图像

(2) 裁切掉:用来设置要裁切掉的像素位置。

还可以单击工具箱中的【裁切工具】图标,则鼠标指针变形为裁切工具的图样。在图像上拖动鼠标划定需要裁切的范围,如果觉得所确定的裁切区域不合适,还可以通过调整其边框上的调整点来重新设定裁切区域。确定好了裁切区域后,在图像上裁切区域内双击鼠标或直接按回车键即可。

2.4　辅助工具的操作

在 Photoshop CS4 中,学习和掌握辅助工具可以让设计者更加准确和快捷地编辑和应用图像信息来修改和设计漂亮的图像。

2.4.1　颜色的设置

在 Photoshop 中,有许多方便的绘图工具,在使用之前,要先选取所需的绘图颜色来绘制图形。颜色的设置可以通过前景色和背景色按钮、拾色器对话框、颜色调板等方式来进行操作和编辑。

1. 前景色和背景色的使用

前景色和背景色按钮位于工具箱下方的颜色按钮中,如图 2-21 所示。颜色区域各按钮含义如下。

(1)前景色:又称为作图色,是用来显示和选取当前绘图工具所使用的颜色,与现实生活中选用不同颜色的作图是一样的。在前景色的颜色块中单击可以打开拾色器对话框并可选择所需的颜色。

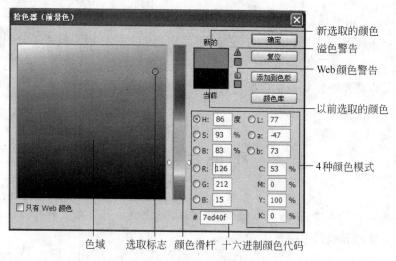

(2)背景色:用来显示和选取图像的底色,同时作为画布的底色,用户可以在绘图过程中根据自己的需要随时改变画布的颜色。

(3)默认前景色和背景色:单击默认前景色和背景色按钮,可以将前景色和背景色恢复成系统默认的颜色。

(4)切换前景色和背景色:单击交换前景色和背景色按钮,可以切换当前前景色和背景色,即将当前前景色的颜色设置为背景色,当前背景色的颜色设置为前景色。

技巧:为了加快操作速度,可使用快捷键对前景色和背景色进行设置,使用默认前景色和背景色按 D 键;交换前景色和背景色则按 X 键。

2. 拾色器对话框的使用

用拾色器对话框可以快速地选取所需要的前景色和背景色,单击前景色和背景色按钮即可以打开该对话框,如图 2-22 所示。

图 2-22 【拾色器】对话框

该对话框比较复杂,下面根据图示来详细说明各部分的作用。

(1)色域:对话框左侧的彩色方框为色域,用来选择各种颜色。

(2)选取标志:移动鼠标的光标在色域中的某个位置处单击,色域中的选取标志就会移动到相应的位置,则表示选择的是当前位置的颜色。

（3）颜色滑杆：色域右侧的竖长条为颜色滑杆，拖动其两侧的小三角滑块可以调整颜色的不同色调，在颜色滑杆上单击鼠标可快速移动三角滑块。

（4）当前选取颜色与上次选取颜色：在颜色滑杆右上侧还有一块显示颜色的区域，当选取新的色彩时，上半部分所显示的是当前所选的颜色，下半部分显示的是打开拾色器对话框之前选定的颜色。

（5）溢色警告：当选择的颜色超出打印机或印刷设备的颜色范围时，则会出现带感叹号的三角按钮，即溢色警告。下面的小方块是用来显示与所选颜色最接近的印刷色彩，单击溢色警告，可将当前所选颜色置换成与之最接近的颜色。

（6）Web 颜色警告：在溢色警告下方可能会出现一个立方体按钮，为 Web 颜色警告按钮，表示当前所选取的颜色已经超出了 Web 颜色范围，可能在网页中不能正确地显示，其下方也会出现小方块，用来显示与当前所选颜色最接近的 Web 颜色，同样单击 Web 颜色警告按钮则可用 Web 颜色替换当前所选的颜色。

（7）4 种颜色模式：按 HSB（色相/饱和度/亮度）、RGB（红/绿/蓝）、LAB、CMYK（青色/洋红/黄色/黑色）4 种颜色模式来选择所需的颜色。有关颜色模式的信息，请参考本书第 6 章。

（8）HSB、RGB、LAB 颜色模式调色：在对话框右下角 4 种颜色模式中，有 9 个单选按钮，即 HSB、RGB、LAB 颜色模式的三原色按钮。当选中某单选按钮时，颜色滑杆就成为该颜色的控制器。如单击选中 G（绿）单选按钮，颜色滑杆即变为绿色控制器，在滑杆上拖动小三角时，将只改变颜色 G（绿）分量值，G（红）B（蓝）分量值保持不变，然后在色域中选择决定 R 和 B 值。因此通过颜色滑杆再配合色域可以选择成千上万种颜色。

（9）十六进制颜色代码框：在该文本框中可以直接输入 6 位十六进制颜色的代码，确定颜色。

2.4.2 使用标尺、网格与参考线

Photoshop CS4 中提供了许多的辅助工具来帮助处理和绘制图像，大大提高了工作效率，当需要精确定位光标的位置和进行选择时就要使用标尺、网格和参考线等工具。

1. 使用标尺

标尺可以显示应用中的测量系统，帮助设计者确定窗口中的对象大小和位置。可以根据需要重新设置标尺的属性、标尺原点以及改变标尺的位置。使用【视图】|【标尺】命令或使用 Ctrl＋R 键来显示或隐藏标尺。标尺会显示在窗口的上边和左边，标尺可以标记当前光标所在位置的坐标值，如图 2-23 左图所示。

标尺可以分为水平标尺和垂直标尺两部分，系统默认图像的左上角为标尺的原点（0,0）位置，用户可根据需要随意调整原点的位置。移动光标至标尺左上角方格内，按下鼠标左键拖曳至所需的位置即可，如图 2-23 右图所示。

标尺的参数设置也可修改，使用【编辑】|【首选项】|【单位与标尺】命令可打开设置对话框，根据需要可以调整标尺的各项参数。

图 2-23　显示标尺

2．网格

网格由一组水平和垂直的线组成，经常被用来协助绘制图像和对齐对象，默认状态下网格是不可见的。

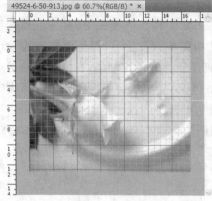

图 2-24　显示网格效果

（1）建立与撤销网格：选择【视图】|【显示】|【网格】命令或使用 Ctrl＋'键，即可在图像上显示或隐藏网格，如图 2-24 所示。

（2）贴齐网格：设计者可利用网格功能来对齐或移动物体，如希望在移动物体时自动贴齐网格，或选取范围时自动贴齐网格，可选择【视图】|【对齐到】|【网格】命令，使【网格】命令前出现"√"标记即可。

（3）设置网格：默认的网格的间距为 2 厘米，子网格的数量为 16 个，网格的颜色为灰色，但设计者可根据自己的需求来设置。选择【编辑】|【首选项】|【参考线、网格和切片】命令可打开设置对话框，如图 2-25 所示，根据需要可以调整各项参数。

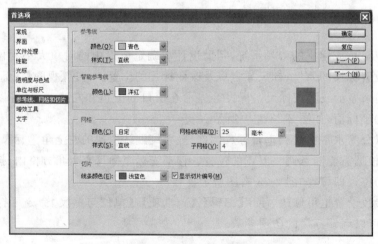

图 2-25　参考线、网格和切片设置对话框

3. 使用参考线

参考线是浮在整个图像上，不能被打印的直线，可以移动、删除或锁定参考线，可用于对象对齐和定位，可任意设置参考线位置，因此使用起来十分方便。

（1）建立参考线：使用【视图】|【标尺】命令或使用 Ctrl＋R 键来显示标尺，然后移动光标至标尺上方，按下鼠标拖曳至窗口，可建立一条参考线。水平标尺上获得的是水平参考线，垂直标尺上获得的是垂直参考线。在拖曳过程中按 Alt 键，可切换垂直和水平参考线。

还可以选择【视图】|【新建参考线】命令打开【新建参考线】对话框，来建立固定精确的参考线，如图 2-26 所示，在【取向】中设置方向，在【位置】文本框中输入参考线的坐标值。

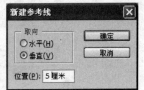

图 2-26 【新建参考线】对话框

（2）移动参考线：当前选择的工具为移动工具 ▶ 时，移动光标至参考线上方，光标显示为双向箭头时拖曳鼠标即可移动参考线；如果是其他工具，则按下 Ctrl 键再移动光标至参考线上拖曳，也可移动参考线。

（3）显示/隐藏参考线：使用【视图】|【显示】|【参考线】命令或使用 Ctrl＋；键可以显示或隐藏参考线。

（4）锁定参考线：选择【视图】|【锁定参考线】命令来锁定参考线，锁定后参考线不可以再被移动，可防止对参考线进行误操作。再次选择【视图】|【锁定参考线】命令，可取消锁定。

（5）清除参考线：选择【视图】|【清除参考线】命令可快速清除图像中所有的参考线。若删除具体某根参考线只需要拖动该参考线至图像窗口外即可。

2.4.3 使用测量工具

在图像处理时常常需要测量某个对象的长度，可以在工具箱中选择【标尺工具】 ◢ 测量图像中两点之间的距离，同时也可测量两条线段之间的角度。

1. 测量距离

选择工具箱中的【标尺工具】，移动光标至图像包装盒上一个角点的位置单击鼠标，然后拖曳至另一个角点位置，信息面板和选项栏则显示出长度为"L1：13.58"，如图 2-27 所示。若要删除测量的线段，单击工具选项栏上的【清除】按钮或用鼠标将其拖出窗口即可。

2. 测量角度

测量角度时，先按鼠标拉出第一条测量线段，后按住 Alt 键并移动光标至线段的始点或终点位置，光标会变为 ⺣ 形状，按住鼠标并拖动拉出第二条线段，此时在工具选项栏和信息面板中显示的"A：83.8°"数值则是两条线段之间的夹角大小，如图 2-28 所示。

技巧：按下 Shift 键并拖曳鼠标，可使光标在水平、垂直或 45°方向上移动。

注意：对于打印不出来的参考线、网格、选取边缘、切片、文本边界、文本基线、文本选取和诠释等辅助图像编辑信息，可以选择【视图】|【显示额外内容】命令或使用 Ctrl＋H 键在图像编辑窗口中显示。

图 2-27　测量距离效果

图 2-28　测量角度

2.5　操作的撤销与恢复

在 Photoshop CS4 中,如果在编辑图像的过程中出现了误操作,可以使用还原和恢复功能来快速返回到以前的编辑状态。

2.5.1　还原图像

使用【编辑】|【还原】命令或使用 Ctrl＋Z 键,可以还原上一次对图像执行过的动作。还原命令执行最近的一次操作。

使用【编辑】|【前进一步】和【后退一步】命令可以还原和重做多步的操作。【前进一步】

的快捷键是 Shift＋Ctrl＋Z 键；【后退一步】的快捷键是 Alt＋Ctrl＋Z 键。

2.5.2 恢复图像

在图像的编辑过程中，如果取消对图像的编辑，想恢复到图像最初打开的状态，可使用【文件】|【恢复】命令或使用 F12 键。但使用该命令的前提是设计者对曾经编辑过的图像没有执行过【保存】操作。

而在 Photoshop CS4 中，【历史记录】调板也可以进行多步恢复操作，具体介绍详见以后章节。

2.6 Photoshop CS4 的 3D 功能及其应用

Photoshop CS4 Extended 支持多种 3D 文件格式。它可以处理和合并 3D 对象，创建和编辑 3D 对象，创建 3D 纹理及组合 3D 对象，还可以将 2D 图像转换成 3D 图像等。

2.6.1 3D 工具简介

在 Photoshop CS4 的工具箱中有两个关于 3D 的工具组，分别是【3D 对象工具组】和【3D 相机工具组】。使用【3D 对象工具组】可以更改 3D 对象的位置或大小，使用【3D 相机工具组】可更改场景视图。如果系统的显示卡支持 OpenGL，还可以使用 3D 轴来操控 3D 对象。【3D 对象工具组】和【3D 相机工具组】如图 2-29 和图 2-30 所示。

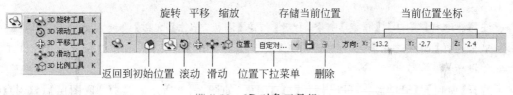

图 2-29　3D 对象工具组

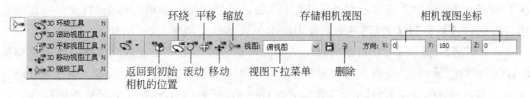

图 2-30　3D 相机工具组

使用【3D 对象工具组】可以旋转、缩放 3D 对象或调整 3D 对象位置。在相机视图保持固定的情况下，分别单击在工具箱中【3D 对象工具组】的【3D 旋转工具】、【3D 滚动工具】、【3D 平移工具】、【3D 滑动工具】和【3D 比例工具】按钮，对 3D 对象的操作如下所述。

（1）单击【3D 旋转工具】按钮，用鼠标上、下移动，可使 3D 对象围绕其 X 轴旋转。用鼠标左、右移动，可使 3D 对象围绕其 Y 轴旋转。用鼠标对角线移动，可使 3D 对象围绕其中心点旋转。

注意：按住 Shift 键并左、右、上、下拖动 3D 对象，可使 3D 对象左、右或上、下沿中心轴翻转。按住 Alt 键的同时旋转拖动鼠标，可以使 3D 对象跟随鼠标旋转。

(2) 单击【3D 滚动工具】按钮，用鼠标左、右移动，可使 3D 对象围绕 Z 轴滚动。

(3) 单击【3D 平移工具】按钮，可用鼠标移动 3D 对象，按住 Alt 键的同时用鼠标移动 3D 对象，可以缩放对象。

(4) 单击【3D 滑动工具】按钮，用鼠标向左右两侧拖动，可沿水平方向移动 3D 对象；用鼠标向上下拖动，可将 3D 对象移近或移远。按住 Alt 键的同时用鼠标拖动 3D 对象，可沿 XY 平面移动 3D 对象。

(5) 单击【3D 比例工具】按钮，用鼠标向上下拖动，可将 3D 对象放大或缩小。按住 Alt 键的同时用鼠标拖动 3D 对象，可沿着 Z 轴缩放 3D 对象。

(6) 单击工具选项栏中的【返回到初始位置】按钮，可返回到 3D 对象的初始视图。要根据具体数值调整 3D 对象的位置、旋转或缩放 3D 对象，可在选项栏右侧输入数值。

使用【3D 相机工具组】可改变相机视图，同时保持 3D 对象的位置固定不变。【3D 相机工具组】中有【3D 环绕工具】、【3D 滚动视图工具】、【3D 平移视图工具】、【3D 移动视图工具】、【3D 缩放工具】，这些工具的操作如下所述。

(1) 单击【3D 环绕工具】按钮，用鼠标沿左右或上下拖曳移动，可以使相机沿 X 轴或 Y 轴方向环绕移动。按住 Ctrl 键的同时拖曳鼠标，可滚动相机。

(2) 单击【3D 滚动视图工具】按钮，用鼠标拖曳移动，可以转动相机。

(3) 单击【3D 平移视图工具】按钮，用鼠标拖曳移动，可以使相机在 X 轴或 Y 轴方向平移。

(4) 单击【3D 移动视图工具】按钮，用鼠标拖曳移动，可以使相机以步进方式移动。

(5) 单击【3D 缩放工具】按钮，用鼠标拖曳移动，更改 3D 相机的视角。最大视角为 180°。

注意：选择【窗口】|【信息】命令，打开【信息】调板，单击【信息】调板右上角的菜单按钮，在菜单中选择【面板选项】命令，然后勾选【显示工具提示】选项，从而可以获取每个 3D 工具的操作提示。

选择【窗口】|【3D】命令，可以打开【3D】调板，如图 2-31 所示。选择 3D 图层后，【3D】调板会显示关联的 3D 文件的组件。在【3D】的调板顶部列出文件中的【网格】、【材料】和【光源】。在【3D】调板的底部显示在顶部选定的 3D 组件的设置和选项。每个 3D 文件可以包含组件【网格】、【材料】和【光源】三个组件中的某个或某几个组件，这些组件的意义如下。

- 【网格】：提供了 3D 对象的底层结构。网格一般是由成千上万个单独的多边形框架结构组成的。3D 对象通常至少包含一个网格，也可能包含多个网格。在 Photoshop CS4 中，可以在多种【渲染】模式下查看网格，还可以分别对每个网格进行操作。可以更改【网格】方向，并且可以沿着不同坐标【网格】进行缩放以变换其形状。也可以使用预先提供的形状或转换现有的 2D 图层，创建新的 3D 网格。
- 【材料】：3D 对象的每个网格可具有一种或多种相关的材料，这些材料控制整个网格的外观或局部网格的外观。这些材料依次构建于被称为纹理映射的子组件，它们的积累效果可创建材料的外观。纹理映射本身就是一种 2D 图像文件，它可以产生各种品质，例如颜色、图案、反光度或崎岖度。Photoshop 材料最多可使用九种不同的

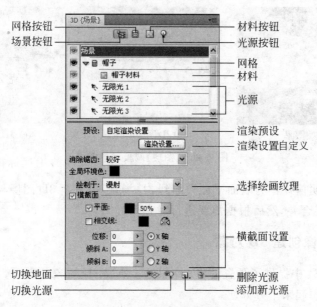

图 2-31　【3D】调板示意图

纹理映射来定义其整体外观。

- 【光源】：其类型有【无限光】、【聚光灯】和【点光】三种。可以移动和调整现有光照的颜色和强度，并且可以将新光照添加到 3D 场景中。

可以使用【3D】调板顶部的按钮来筛选出顶部的组件。例如，单击【场景】按钮显示所有组件，单击【材料】按钮可以只查看材料。根据选定的 3D 组件，启用【3D】调板底部的按钮。只有在系统上启用 OpenGL 时，【切换地面】和【切换光源】按钮才能启用。

单击【场景】按钮可显示所有场景组件。然后，在顶部选择【网格】、【材料】或【光源】按钮可以显示相应的组件。然后，调整【网格】、【材料】或【光源】的各项参数。

2.6.2　将 2D 图像转换成 3D 图像

Photoshop CS4 可以对 2D 图像进行编辑，生成各种基本的 3D 对象。生成 3D 对象后，可以在 3D 空间中移动 3D 对象、更改渲染设置、添加光源或将其与其他 3D 图层合并。

1. 创建 3D 明信片

可以将 2D 图像（多图层）转换为 3D 明信片。所谓 3D 明信片是指具有 3D 属性的平面图像。可以将 3D 明信片添加到现有的 3D 场景中，从而创建显示阴影和反射的表面。

创建 3D 明信片的操作步骤如下。

（1）打开 2D 图像文件，选择要转换为 3D 明信片的图层。

（2）选择【3D】|【从图层新建 3D 明信片】命令，如图 2-32(b)所示的 2D 图层，便可以转换为【图层】调板中的 3D 图层，如图 2-32(c)所示。2D 图层内容作为材料应用于明信片两面。

原始 2D 图层作为 3D 明信片对象的【漫射】纹理映射出现在【图层】调板中，3D 图层中的对象保留了原始 2D 图像的尺寸。

(a) 原始图像

(b) 2D 图层调板

(c) 3D 图层调板

图 2-32　【图层】调板示意图

（3）要将 3D 明信片作为表面平面添加到 3D 场景，可将新 3D 图层与现有的、包含其他 3D 对象的 3D 图层合并，然后根据需要进行对齐即可。

2. 从 2D 图像创建 3D 对象

Photoshop CS4 中提供了预置的将 2D 图像转换成 3D 对象的选项，如锥形、立方体、帽形或圆柱体等，使用起来十分方便。

例 2.1　将 2D 图像转换成帽形 3D 对象。

操作步骤如下：

（1）打开 2D 图像，并选择要转换为 3D 形状的图层。

（2）选择【3D】|【从图层新建形状】|【帽形】命令，效果如图 2-33 所示。

(a) 原始图像

(b) 帽形 3D 对象

(c) 3D 对象的图层调板

图 2-33　创建帽形 3D 对象

从【3D】|【从图层新建形状】的下一级菜单中选择一个形状，这些形状包括【圆环】、【球面】或【帽子】等单一网格对象，以及【锥形】、【立方体】、【圆柱体】、【易拉罐】或【酒瓶】等多网格对象。原始 2D 图层作为【漫射】纹理映射显示在【图层】调板中。它可用于新 3D 对象的一个或多个表面。其他表面可能会指定具有默认颜色设置的默认漫射纹理映射。

（3）选择【3D】|【导出 3D 图层】命令，将 3D 图层以 3D 文件格式导出或选择【文件】|【存储为】命令，将文件以 PSD 格式存储。

（4）单击【确定】导出 3D 图层，存储 3D 文件。要保留 3D 对象的位置、光源、渲染模式和横截面，可将包含 3D 图层的文件以 PSD、PSB、TIFF 或 PDF 格式储存。

注意：

（1）可以将自己的自定形状添加到【形状】菜单中。形状是 Collada（.dae）3D 模型文件。要添加形状，请将 Collada 模型文件放置在 Photoshop 文件夹中的 Presets\Meshes 文件夹下。

（2）选取导出纹理的格式可以是 U3D 和 KMZ 支持的 JPEG 或 PNG。DAE 和 OBJ 支持的所有 Photoshop 的用于纹理的图像格式。

例 2.2　给如图 2-34 左图所示的小狗图像，带上 3D 效果的帽子，效果如图 2-34 右图所示。

图 2-34　添加 3D 帽子效果图

操作步骤如下：

（1）选择【文件】|【打开】命令，分别打开素材图像文件"花 1.jpg"、"小狗.jpg"。

（2）切换到图像文件"花 1.jpg"，选择【3D】|【从图层新建形状】|【帽形】命令，适当调整 3D 形状后，原始图像与 3D 效果图像如图 2-35 左、右所示。

图 2-35　帽形 3D 效果示意图

（3）用【魔棒工具】单击背景，选择【选择】|【反选】命令，选中帽子后按快捷键 Ctrl＋C，复制选中的帽子。

（4）切换到图像文件"小狗.jpg"，按快捷键 Ctrl＋V 将帽子粘贴到图像文件"小狗.jpg"中，按快捷键 Ctrl＋T 调整帽子的大小，并移动到合适位置处，最终效果如图 2-34 右图所示。

2.7　Bridge CS4 及其应用

使用 Photoshop CS4 自带的 Bridge CS4 可以较好地对文件和图片进行分类与管理。

1. Bridge CS4 的工作界面介绍

选择【文件】|【在 Bridge 中浏览】命令，或在选项栏中直接单击【启动 Bridge】 Br 按钮，系统会打开如图 2-36 所示的 Bridge 界面。界面中的各选项含义如下。

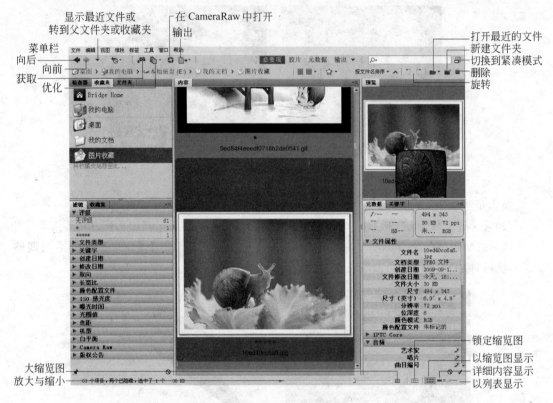

图 2-36　Bridge 工作界面示意图

（1）菜单栏：用来存放该软件中执行命令的位置。

（2）转到父文件夹或收藏夹：单击该按钮后，会自动转换到文件夹列表或收藏夹列表中，并在内容区域显示该内容。

（3）向后/向前：单击该按钮后，可以在浏览的多个文件夹的上一级与下一级文件夹之间转换。

（4）显示最近文件：显示最近使用的文件，或转到最近访问的文件夹。

（5）获取：单击该按钮后，可以显示连接的数码相机中的照片。

（6）优化：设置文件的显示类别。

（7）在 CameraRaw 中打开：将当前选择的图像在 CameraRaw 中打开进行编辑。

（8）输出：将文件转换成 Web 所用格式或 PDF 格式。

（9）旋转：单击可以将图片以顺时针或逆时针 90°旋转。

（10）打开最近的文件：选择最近使用过的文件后，单击该文件夹，可以在 Photoshop 中打开。

（11）新建文件夹：单击在当前的显示内容中新建一个文件夹。

（12）切换到紧凑模式：单击转换显示为简洁模式。

（13）删除：单击该按钮后，可将选择的图像删除。

（14）放大与缩小：单击左面的图标可以缩小缩略图，单击右边的图标可以放大缩略图，拖动控制滑块可以快速放大与缩小。

（15）大缩略图：单击后在【内容】调板中显示图像的大缩略图。

（16）详细内容显示：单击后在【内容】调板中可以显示除缩略图以外的该图像的详细信息。

（17）以列表显示：单击后在【内容】调板中以列表的形式显示缩略图。

2．显示所选择的图像

选择【窗口】|【滤镜】命令，打开【滤镜】调板，在【文件类型】标签中选择【GIF 图像】选项，此时在【内容】调板中显示该文件夹中的所有 GIF 文件，如图 2-37 所示。

图 2-37　显示选择图像内容

3．图像的局部放大

选择【窗口】|【预览】命令，打开【预览】调板，在【内容】调板中选择文件后，在【预览】调板中单击即可出现局部放大效果，如图 2-38 所示。在局部放大区域拖动可以改变显示位置，单击即可取消局部放大。拖动界面底部的缩放控制滑块，可以调整【内容】调板中显示缩略图的大小。

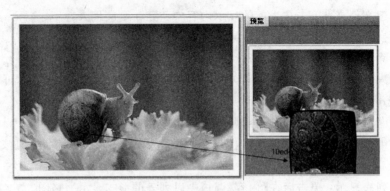

图 2-38　图像局部放大

　　技巧：按键盘上的加号＋键和减号－键可以对图像局部放大后再进行缩放,每按一次＋键的缩放比例分别是 200％、400％及 800％;也可以滚动鼠标中键进行缩放;单击鼠标可取消局部放大功能。

4.　添加标记

　　在【内容】调板中选择缩略图后,选择菜单中的【标签】命令,在弹出的菜单中可以选择为该缩略图进行标记的选项,标记内容为从"﹡"到"﹡﹡﹡﹡﹡"以及 5 种颜色,如图 2-39 所示。

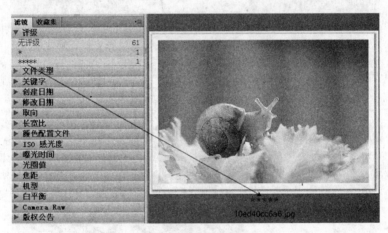

图 2-39　添加标记示意图

5.　更改显示模式

　　选择菜单中的【视图】命令,在弹出的菜单中可以选择显示的模式,包括【全屏预览】、【幻灯片放映】、【审阅模式】和【紧凑模式】,其中默认情况下【全屏预览】与【幻灯片放映】相类似,如图 2-40 所示,选择【幻灯片放映】模式后,设置如图 2-41 所示的【幻灯片放映选项】对话框中的参数,便可用幻灯片放映方式浏览图像。【审阅模式】和【紧凑模式】分别如图 2-42、图 2-43 所示。

　　技巧：进入其他显示模式后,按 Esc 键可恢复到标准模式。

图 2-40　全屏预览与幻灯片放映模式示意图

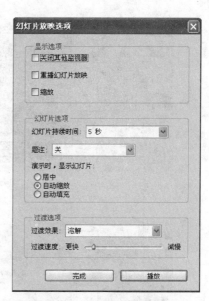

图 2-41　【幻灯片放映选项】对话框

图 2-42　审阅模式示意图

图 2-43　紧凑模式示意图

6. 选择多个图像

在【内容】调板中按住 Shift 键单击缩略图，可以将单击的缩略图都显示在【预览】调板中，如图 2-44 所示。按 Ctrl＋G 键可以将选取的多个缩略图进行叠加放置，这样既便于管理又节省了空间，如图 2-45 所示，按 Ctrl＋Shift＋G 键可以取消组合。

7. 删除文件

在【内容】调板中选择相应的文件后，单击【删除】按钮，便可以将选取的文件删除；直接拖动选取的文件到【删除】按钮上也可以将其删除；选择相应的文件后按键盘上的 Delete 键同样可以将其删除。

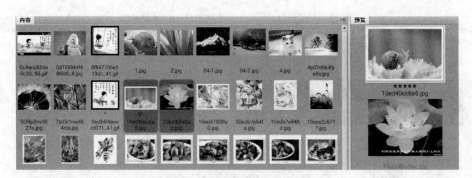

图 2-44 选择多个图像示意图

图 2-45 图像叠加放置示意图

2.8 本 章 小 结

本章主要介绍 Photoshop CS4 的工作环境,图像文件的基本操作和图像编辑中的一些基本工具的使用方法,这些知识是学好本书必须掌握的操作基础。

在介绍 Photoshop CS4 的工作环境的章节中,介绍了软件的全貌以及菜单、工具箱和主要调板的功能。图像文件操作中的文件创建、打开、存储、关闭、导入等操作是图像处理必须掌握的基本操作。屏幕的调整,图像的缩放、旋转和裁剪,以及 3D 图像处理等操作也是图像处理必须掌握的重要操作。辅助工具的介绍是学习者学好图像处理必修的知识。

本章的操作重点较多,很多基本操作对初学者来说是必须熟练掌握的,在学习过程中可以对重要的基本操作反复练习,逐步达到熟练运用和掌握这些基本操作。

第 **3** 章　选区的创建与编辑

本章学习重点：

掌握正确使用选择区域工具的方法；

掌握选区中图像内容的编辑方法。

3.1　选择区域工具

Photoshop CS4 提供的选择区域工具用来选取图像中需要进行处理的区域，这些区域称之为选区，所以选择工具也称之为选区工具或者选框工具。选择工具分为三类：规则选区工具、不规则选区工具以及特殊选区工具。如果需要设置规则选区，则使用选框工具组下的工具；如果需要设置不规则的选区，则使用套索工具或者特殊选区工具，像【快速选择工具】和【魔术棒工具】等。在图像中创建选区后，图像被编辑的范围将会局限在选区内，而选区外的像素将会处于被保护状态，不能被编辑。

3.1.1　创建规则选区

Photoshop CS4 中用来创建规则选区的工具被集中在选框工具组中，其中包括【矩形选框工具】、【椭圆选框工具】、【单行选框工具】和【单列选框工具】。如果在工具箱中的某一工具图标右下角有一个向下的小三角形，就说明这是一个工具组。在此工具图标上按住鼠标左键不放，就会弹出工具组菜单以供选择，图 3-1(a)展示了选框工具组。

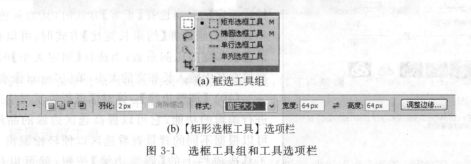

(a) 框选工具组

(b)【矩形选框工具】选项栏

图 3-1　选框工具组和工具选项栏

在图像编辑时，当需要选择的像素是规则矩形或者圆形时，可使用【矩形选框工具】和

图 3-3(b)就是一个椭圆形的选择区域。

技巧：

（1）如果在绘制椭圆形选区的时候按住 Shift 键，则可以绘制正圆形的选区；如果在绘制选区的时候按住 Alt 键，则也可以以光标所处的位置为中心点开始绘制选区。

（2）在已经选择了矩形选框工具的情况下，按住 Shift＋M 键，可以快速地选择椭圆选框工具；同样在已经选择了椭圆选框工具的情况下，按住 Shift＋M 键，也可以快速地选择矩形选框工具。

（3）如果要取消选区，可以按 Ctrl＋D 键；如果想要让选区发生偏移，可以通过键盘上的方向键进行微调。

3. 单行选框工具和单列选框工具

这两种工具的使用方法类似，主要是用来设置高度或者宽度为 1 像素的选区。图 3-4 所示是在图像上分别设置了一个单行选区和单列选区。这两个工具可以结合工具箱中的【缩放工具】放大选区，进行精确的定位。

图 3-4　分别创建一个单行选区和单列选区

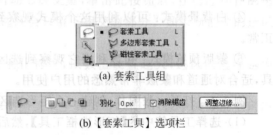

(a) 套索工具组

(b)【套索工具】选项栏

图 3-5　套索工具组与套索工具选项栏

3.1.2　创建不规则选区

在图像处理中，除了设置规则的选区外，有时还需要设置一些不规则的自由选区，这时使用套索工具组中的工具就显得较为方便，如图 3-5(a)所示的是套索工具组。

1. 套索工具

【套索工具】的使用较为灵活方便，就相当于是用铅笔在图像上绘制一个封闭的区域。具体操作可以先在工具箱中单击【套索工具】，此时在编辑窗口上方显示其工具选项栏，如图 3-5(b)所示，使用者可以在其中根据需要进行设置，各选项作用如下。

（1）羽化：设置选择区域边缘的羽化程度。该值越大，羽化范围越明显。

（2）消除锯齿：消除边界像素的锯齿，使边缘更为平滑。

其他选项同【矩形选框工具】，不再一一赘述。

在图像某处单击鼠标设置起点后，按住鼠标左键不放并拖动鼠标绘制选区，直到选区设置完成松开鼠标即可，如图 3-6(a)所示就是使用【套索工具】绘制选区。

使用【套索工具】绘制的选区必须是闭合的，如果释放鼠标时鼠标拖动路径的起点和终点不重合，则系统将自动用直线段连接起点和终点强行构成封闭选区。此外，在选区没有封

(a)用【套索工具】绘制的选区　　　　(b)用【多边形套索工具】绘制的选区

图 3-6　使用不同的【套索工具】绘制选区

闭之前,如果按住 Delete 键不放,可以使曲线变直,以便对选区边界进行微调;如果在释放鼠标前按 Esc 键,则可以取消该选区的建立。

2. 多边形套索工具

【多边形套索工具】可以绘制由直线连接形成的不规则的多边形选区。此工具和【套索工具】的不同是可以通过确定连续的点来确定选区。具体操作方法是单击工具箱中的【多边形套索工具】。此时在编辑窗口上方显示其工具选项栏,各参数作用同【套索工具】。在图像上单击鼠标确定起始点后释放鼠标,然后在需要转折的地方再单击鼠标并释放,如此重复确定其他的转折点,最后将光标移到起始点附近,这时鼠标指针下方出现一个小圆圈,单击鼠标则可以形成一个封闭的选择区域。图 3-6(b)就是使用【多边形套索工具】绘制的选区。

技巧:使用【多边形套索工具】时,如果按住 Shift 键,多边形区域的边界线段将会按照45°整数倍方向选取。

3. 磁性套索工具

使用【磁性套索工具】绘制的选区并不是完全按照鼠标所点到的位置形成的,而是在一定的范围之内寻找一个色阶最大的边界,然后像磁铁一样吸附到图像上去。此工具适合于在图像中选取出不规则的且边缘与背景颜色反差较大的像素区域。具体操作方法是在工具箱中单击【磁性套索工具】。此时在编辑窗口上方显示其工具选项栏如图 3-7 所示,各选项作用如下。

图 3-7　【磁性套索工具】选项栏

(1) 宽度:设置在移动磁性套索工具时的监测范围,如果设定了一个宽度,则将在该宽度内寻找色阶明显的边缘。

(2) 对比度:设置发现选区边缘反差的灵敏度。

(3) 频率:设置查找边缘时标记点的频率,该值越大,绘制相同范围的选区时路径标记点越多。

（4）光笔压力：用来设置专用绘图板的笔刷压力。

其他选项的含义同套索工具。

在起点处单击鼠标，并沿着待选图像区域边缘拖动，回到起点附近当鼠标指针下方出现一个小圆圈时，单击鼠标或者按回车键即可形成封闭区域。如图3-8就是使用【磁性套索工具】绘制的选区。

图 3-8　使用【磁性套索工具】创建选区

3.1.3　智能化的选取工具

前面介绍过的规则选框工具和套索工具都是需要通过手动来绘制选区的，但是在 Photoshop 中还有一种"智能化"的选取工具——【魔棒工具】和【快速选择工具】，这两种工具能够选取相似颜色的所有像素，其使用起来极为灵活，选取范围也极为广泛。

1. 魔棒工具

【魔棒工具】可以为图像中颜色相同或相近的像素快速创建选区，从工具箱中单击【魔棒工具】，此时在编辑窗口上方显示其工具选项栏如图3-9所示，各参数作用如下。

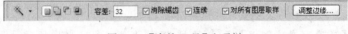

图 3-9　【魔棒工具】选项栏

（1）容差：决定【魔棒工具】选取区域时颜色相近的程度。数值越大，颜色容许的范围越大，则选择的范围越广；反之，选择的范围越小。在文本框中可输入的数值为 0～255，系统默认值为 32。

（2）消除锯齿：选中该选项可以消除选区边界像素的锯齿，使边缘更为平滑。

（3）连续：选中该复选框后，选择范围只能是颜色相近的连续区域；不勾选该复选框，选取的范围可以是颜色相近的所有区域。

（4）对所有图层取样：如果选择该复选框，则可以选取所有图层中相同范围的颜色像素；不勾选该复选框，只能在当前工作的图层中选取颜色区域。

选择工具箱中的【魔棒工具】，然后在图像中需要选择的颜色上单击鼠标，Photoshop CS4 会自动选取与该色彩类似的颜色区域，此时图像中所有包含该颜色的区域将同时被选中，如图3-10所示。

2. 快速选择工具

在 Photoshop CS4 中使用【快速选择工具】可以快速在图像中对需要选取的部分建立选区，使用方法很简单，只要选中该工具后，用鼠标指针在图像中拖动就可将鼠标经过的地方创建为选区，如图3-11所示。

图 3-10　用【魔棒工具】创建选区

图 3-11　用【快速选择工具】创建选区

选择【快速选择工具】后,工具选项栏中会显示该工具的一些选项设置如图 3-12 所示,各选项的含义如下。

图 3-12　【快速选择工具】选项栏

(1) 选区模式:用来对选区方式进行设置,包括【新选区】、【添加到选区】、【从选区中减去】。

- 新选区:选择该选项可对图像进行选取选区,松开鼠标后会自动转换成【添加到选区】的功能。再选该项时,可以创建另一个新选区或使用鼠标移动选区。
- 添加到选区:选择该选项时,可以在图像中创建多个选区。当选区相交时,可以将两个选区合并。
- 从选区中减去:选择该选项时,拖曳鼠标时鼠标所经过的区域将会减去选区。

(2) 画笔:用来设置创建选区的笔触、直径、硬度和间距等参数。

(3) 自动增强:勾选该复选框可以增强选区的边缘。

技巧:使用【快速选择工具】创建选区时,按住 Shift 键可以自动完成【添加到选区】的功能;按住 Alt 键可以自动完成【从选区中减去】的功能。

3.2　编辑与调整选区

在 Photoshop CS4 中,选区的操作和选区内容的操作是两个不同的概念。对创建的选区可以进行移动、变换、反转、填充、描边、修改和羽化等操作。对选区的内容也可以进行复制、移动、剪切和粘贴等操作。本节将对选区的这些相关操作进行详细的解释。

3.2.1　复制、剪切、移动和变换选区的内容

1. 复制、剪切与粘贴选区的内容

在图像中创建选区后,常常会根据应用的需求,将选区内的图像内容复制或者移动到不

同的图层甚至不同的文件中。可以选择【编辑】|【复制】命令,将选区内的图像复制保留到剪贴板中,再选择【编辑】|【粘贴】命令粘贴选区内的图像到目标位置,此时被操作的选区会自动取消,并生成新的图层,如图 3-13 所示。

图 3-13　复制与粘贴后的示意图

选择【编辑】|【剪切】命令,剪切后的区域将会不存在,选区内的图像被保留到剪贴板中,被剪切的区域将会使用背景色填充,然后再选择【编辑】|【粘贴】命令,粘贴选区内的图像到目标位置,并生成新的图层,如图 3-14 所示。

图 3-14　剪切与粘贴后的示意图

2. 复制并移动选区的内容

用【矩形选框工具】在图像上创建矩形选区,当鼠标移动到选区内时按住 Ctrl＋Alt 键,此时鼠标指针将变化为两个重叠的小箭头,如图 3-15(a)所示,按住鼠标左键移动选区,则可以将选区内的像素复制后再移动,此时在【图层】调板中不会产生新的图层,操作结果如图 3-15(b)所示。

3. 剪切并移动选区的内容

用【矩形选框工具】在图像上创建矩形选区,当鼠标移动到选区内时按住 Ctrl 键,此时

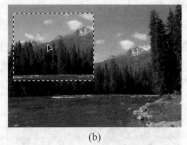

(a)   (b)

图 3-15 复制并移动选区前、后的效果

鼠标指针右下方显示一个小剪刀图标,如图 3-16(a)所示,按住鼠标左键移动选区,则可以将选区内的像素剪切后再移动,此时在【图层】调板中不会产生新的图层,操作结果如图 3-16(b)所示。

(a) 创建剪切区域   (b) 移动选区

图 3-16 剪切并移动选区前、后的效果

4. 变换选区内容

变换选区内容是指改变创建的选区内图像形状的操作。在图像上创建选区后,选择【编辑】|【变换】|【变形】命令,然后在工具选项栏中选择具体的变形样式,完成选区内容的变换,图 3-17(a)所示的是【拱形】变换,图 3-17(b)所示的是【鱼眼】变换。

(a)【拱形】变换   (b)【鱼眼】变换

图 3-17 选区内容变换示意图

5. 根据内容识别比例变换选区内容

根据内容识别比例变换选区内容的操作是指可以在选区内建立保护区,在改变选区整

体比例时保护区内的像素比例保持不变,保护区外的区域像素按比例变换。操作可以先对图像中某些不变的区域建立保护,然后建立选区,在改变选区比例时选择【编辑】|【内容识别比例】命令,使得保护区内图像比例不变,其他区域的图像按照选区比例改变而改变。

例3.2 要调整如图3-18(a)所示的图像比例,图像中的玫瑰花的比例保持不变,具体操作如下。

(a) 原图像 (b) 选择玫瑰花

图 3-18 选择图像保护区域示意图

(1) 打开图像,用【快速选择工具】选择玫瑰花,如图3-18(b)所示。

(2) 选择【选择】|【存储选区】命令,建立名为"玫瑰花"的保护区,如图3-19所示。

图 3-19 【存储选区】对话框

(3) 对整个图像创建矩形选区,如图 3-20(a)所示。在图像中创建选区后,选择【编辑】|【内容识别比例】命令,在工具选项栏上【保护】下拉列表中选择【玫瑰花】选项,使用鼠标拖动矩形选区的控制点将图像变窄,此时处于保护区中的玫瑰花图像比例始终不变,如图3-20(b)所示。

(a) 创建矩形选区 (b) 调整图像大小

图 3-20 用【内容识别比例】命令调整图像比例示意图

Photoshop CS4 图形图像处理教程

3.2.2 移动选区与反转选区

在 Photoshop CS4 中对选区的移动和反转等操作只是对创建选区的蚂蚁线进行操作，具体方法如下所述。

1. 移动选区

当使用选框工具或者套索工具绘制好一个选区以后，可以直接移动选区，调整选区在图像上的位置。当在图像中绘制好了一个选区后（如图 3-21 所示），将鼠标置于选区内时鼠标指针的右下方出现了一个小方框图标，此时就可以任意移动选框的位置了。

2. 反转选区

反转选择是将原先没有被选择的区域变为选取，而已经选取的区域变为不选取。反转选择方法很简单，先选择某一区域，再选择【选择】|【反选】命令，此时可以得到反转后的选择区域，

图 3-21 移动选区示意图

即图像中刚才被选中区域以外的部分被选中。如图 3-22(a)所示是在图像中使用魔棒工具单击背景，则蓝色背景被选中，再选择【选择】|【反选】命令，则得到如图 3-22(b)所示的选择区域。

(a) 选中背景   (b) 应用【反选】命令

图 3-22 反转选区前、后的示意图

3.2.3 变换选区

在创建好了选区以后，还可以对其进行缩放、旋转、扭曲、翻转等变形操作。变换方法是首先在图像上绘制一个选区，然后选择【选择】|【变换选区】命令，此时图像上的选框四周显示有调节点，在图像上右击鼠标，弹出如图 3-23 所示的菜单，可在其中选择所需要的变形命令。

注意：【选择】|【变换选区】命令是将选区的选框变形，而选择【编辑】|【变换】命令是将选框和其内部的像素一起变形。

1．缩放

在如图 3-23 所示的快捷菜单中选择【缩放】命令，然后将鼠标指针移动到选择框上的调整点附近，当鼠标指针变化为双向箭头时，移动调整点即可缩放选区，如图 3-24 所示。

图 3-23　变换选区快捷菜单

图 3-24　缩放选区

2．旋转

在如图 3-23 所示的快捷菜单中选择【旋转】命令，然后将鼠标指针移动到选择框上的调整点附近，当鼠标指针变化为弯曲的双向箭头时，如图 3-25(a) 所示，移动调整点即可旋转选区。

(a)旋转选区

(b) 改变中心点位置后再旋转选区

图 3-25　旋转选区

此外，用鼠标可以拖动选框中心点至其他位置，这样就可以改变选框的旋转基点，如图 3-25(b)所示。

3．斜切

在如图 3-23 所示的快捷菜单中选择【斜切】命令，然后将鼠标指针移动到选择框上的调整点附近，当鼠标指针变化为上下或者左右的双向箭头时，移动调整点即可以斜切选区，如图 3-26(a)所示。

4．扭曲

在如图 3-23 所示的快捷菜单中选择【扭曲】命令，然后将鼠标指针移动到选择框上的调整点附近，当鼠标指针变化为没有手柄的虚线箭头时，移动调整点即可以扭曲选区，如图 3-26(b)所示。

　　　　　　　　　　　Photoshop CS4 图形图像处理教程

(a) 斜切变换　　　　　　　　(b) 扭曲变换　　　　　　　　(c) 透视变换

图 3-26　斜切、扭曲和透视选区的示意图

5．透视

在如图 3-23 所示的快捷菜单中选择【透视】命令，然后将鼠标指针移动到选择框上任何一个调整点角点附近，当鼠标指针变化为没有手柄的虚线箭头时，移动调整点即可以使选区有透视感，如图 3-26(c)所示。

6．变形

选区变换是指改变选区的蚂蚁线的形状，而不会对选区的内容进行变换。在如图 3-23所示的快捷菜单中选择【变形】命令，可以对选区进行【变形】变换，此时工具选项栏如图 3-27所示，各选项的含义如下。

参考点位置　变形形状　变形方向　　　　　　　变形与变换转换　取消　应用

图 3-27　【变形】选项栏

(1) 参考点位置：该选项用来设置变换与变形的中心点。

(2) 变形：该下拉菜单用来设置变形的方式。

(3) 变形与变换转换：该按钮为自由变换和变形模式之间的切换按钮。

选区变换示意图如图 3-28 所示。图 3-28 右上图为选区的【上弧】变换，图 3-28 右下图为选区的【旗帜】变换。

7．特定方向、角度的旋转

特定方向、角度的旋转包括 3 种情况，分别为图 3-23 所示快捷菜单中的【旋转 180 度】、【旋转 90 度(顺时针)】、【旋转 90 度(逆时针)】命令。操作方法是：首先绘制一个选区，然后选择【选择】|【变换选区】命令，再在如图 3-23 所示的快捷菜单中直接选择命令即可。

8．水平、垂直翻转

利用图 3-23 所示的快捷菜单中的【水平翻转】、【垂直翻转】命令可以直接将选区进行水平变换或者垂直变换。

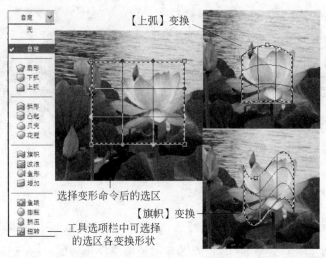

图 3-28 选区变换示意图

3.2.4 增删选区

在图像上创建选区以后，还可以继续增加选区，或者从已创建的选区中减去部分选区，这些操作是图像编辑时经常会遇到的操作，以下将介绍这部分操作。

1．增加选区

在绘制好一个选区后，如果想继续增加选区，可以按住 Shift 键，当鼠标指针的右下方出现了一个＋号时再绘制其他需要增加的选区；也可以单击工具选项栏上的 按钮，再绘制需要增加的选区，这样就可以将多次绘制的选区合为一体。

如果几个选区有重叠的区域，则重叠部分被合并，最后选中的区域将是这几个区域的并集区域。图 3-29 所示的是在绘制了一个矩形选区后增加了一个圆形选区所得到的选区。

图 3-29 增加选区

2．修剪选区

如果想修剪某选区，可以按住 Alt 键，当鼠标指针的右下方出现了一个－号时再绘制用来修剪的选区；也可以单击工具选项栏上的 按钮，再绘制用来修剪的选区，这样就可以用后来绘制的选区去修剪前面绘制的选区，即从前面的选区中去除与后面的选区重叠的部分。

　　　　　　　　　　　Photoshop CS4 图形图像处理教程

图 3-30 所示的是在绘制了一个矩形选区后用一个圆形选区来修剪所得到的选区。修剪选区时，用来修剪的选区和被修剪的选区之间必须有重叠的部分区域。

图 3-30　修剪选区

3. 选择两个选区相交的部分

如果要选择两个选区相交的那部分选区，可以按住 Shift＋Alt 键，当鼠标指针的右下方出现了一个×号时再绘制另一个选区；也可以单击工具选项栏上的 ▣ 按钮再绘制另一个选区，这样就将两个选区的重叠的部分作为新的选区。图 3-31 所示的是选择两个选区相交得到的最终选区。

图 3-31　选择两个选区相交的部分

3.2.5　修改选区

在 Photoshop CS4 中一个选区设置好以后，还可以对其进行细致的修改，例如扩大边界、平滑、扩展、收缩选区等。

1. 边界

设置好一个选区后，选择【选择】|【修改】|【边界】命令，然后在弹出的【边界选区】对话框中设置需要扩展的像素宽度，最后单击【确定】按钮确认。图 3-32 所示的是将左边图像的选区扩大 10 个像素后，得到的右边图像的选区，此时选中的是两条边框线之间的像素。

2. 平滑

使用平滑命令可以使选区的边缘更为平滑。绘制好选区后，选择【选择】|【修改】|【平滑】命令，在弹出的【平滑选区】对话框中设置取样半径的大小，最后单击【确认】按钮即可。图 3-33 是将左边的选区平滑半径设置为 20 个像素后得到的右边选区。

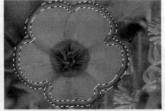

图 3-32 扩大选区边界示意图

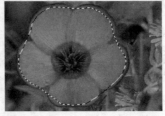

图 3-33 平滑选区示意图

3. 扩展

使用扩展命令可以使原选区的边缘向外扩展,并平滑边缘。绘制好选区后,选择【选择】|【修改】|【扩展】命令,在弹出的【扩展选区】对话框中设置扩展宽度的大小,最后单击【确定】按钮即可。图 3-34 是将左边图像的选区向外扩展 10 个像素后得到的右边图像的选区。

图 3-34 扩展选区示意图

4. 收缩

与扩展选区相反,使用收缩命令可以将选区向内收缩。绘制好选区后,选择【选择】|【修改】|【收缩】命令,在弹出的【收缩选区】对话框中设置收缩宽度的大小,最后单击【确定】按钮即可。图 3-35 是将左边的选区向内收缩 10 个像素后得到的右边选区。

图 3-35 收缩选区示意图

3.2.6　羽化选区

使用羽化命令可以将已经选定的选区的边缘进行柔化处理。羽化的效果只有将选区内的图像复制粘贴到其他图像区域中才可以看得更为明显。另外，在选取工具的工具选项栏中的【羽化】属性中设置羽化值也可以羽化选区。在图像上建立选区，选择【选择】|【修改】|【羽化】命令，【羽化选区】对话框中设置羽化的像素值，就可以对选区边缘完成羽化效果的处理。

例3.3　对如图3-36所示的图像中的"伞"的边缘做羽化效果处理。

操作步骤如下：

（1）打开一幅图片，用【磁性套索工具】沿伞的边缘创建一个选区。

（2）选择菜单【选择】|【修改】|【羽化】命令，在弹出的【羽化选区】对话框中设置羽化的像素值，如图3-36所示，单击【确定】按钮确认。

（3）选择【编辑】|【拷贝】命令，再选择【编辑】|【粘贴】命令，在原处复制粘贴选区中的图像。

（4）单击工具箱中的【移动工具】，从选区处拖动所拷贝的图像到其他位置，如图3-37所示，从中可以看出复制过来的图像与背景的边缘界限不是很清楚，有柔化过的效果。

图3-36　设置羽化值

图3-37　羽化选区后选区中的像素

注意：如果是在选取工具的工具选项栏中的【羽化】文本框中设置羽化值，必须是在创建选区之前设置才会生效；而如果是使用菜单【选择】|【羽化】命令，则可以在选区创建好之后再设置。

3.2.7　选区描边

在设定好的选区上，可以使用选定的颜色对选区的边缘进行描边。描边的方法是首先在图像上设置一个选区，然后选择【编辑】|【描边】命令，在如图3-38所示的【描边】对话框中设置描边的属性参数，各项参数作用如下。

图3-38　【描边】对话框

（1）宽度：设置用来描边笔触的宽度。

（2）颜色：设置用来描边笔触的颜色。如果采用默认设置，则将会使用工具箱中前景色颜色框中的颜色来描边；如果想另外设置颜色，则可以单击对话框中的颜色框，在弹出的【拾色器】中拾取想要的颜色。

（3）位置：设置描边笔触与选区边缘线的位置关系。

（4）模式：设置描边笔触颜色和背景颜色的混合模式。

（5）不透明度：设置描边笔触的不透明度，该值越小越透明。

例如，打开图像，如图 3-39 左图所示，创建矩形选区。如图 3-38 所示，设置好参数，单击【确定】按钮后，就可完成如图 3-39 右图所示的选区描边效果。

图 3-39　给选区描边示意图

3.2.8　存储与载入选区

创建选区的过程中，一些选区的形状并不规则，选择【选择】|【存储选区】命令可以将这些选区保存，以避免繁杂、重复的选区工作。当创建好选区后，选择【选择】|【存储选区】命令，在弹出的【存储选区】对话框（如图 3-40 所示）中为选区设置通道名称，单击【确定】按钮确认。

如果要调用已经存储过的选区，则选择【选择】|【载入选区】命令，在弹出的【载入选区】对话框（见图 3-41）中选择所需选区，单击【确定】按钮确认。

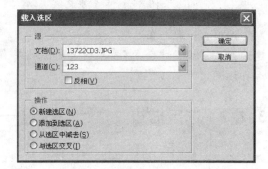

图 3-40　【存储选区】对话框　　　　图 3-41　【载入选区】对话框

3.3　色彩范围及其应用

在 Photoshop CS4 中，使用【色彩范围】命令可以根据图像中指定的颜色来创建图像的选区，其功能与【魔棒工具】有些相类似。打开本章素材文件夹中图像文件 ren.psd，如

图 3-42 原始图像

图 3-42 所示的原始图像,使用【选择】|【色彩范围】命令,就可打开如图 3-43 和图 3-44 所示的【色彩范围】对话框。

对话框中的各选项含义如下。

(1)【选择】:用来设置创建选区的方式。在下拉菜单中可以选择创建选区的方式,包括【取样颜色】、【红色】、【黄色】、【高光】、【阴影】等选项。

(2)【颜色容差】:用来设置被选颜色的范围。数值越大,选取相同像素的颜色范围就越广。只有在【选择】下拉菜单中选择【取样颜色】时,该项才会被激活。

(3)【选择范围】与【图像】单选按钮:用来设置预览框中显示的是选择区域还是图像,如图 3-43 和图 3-44 所示。

图 3-43 选中【选择范围】单选按钮

图 3-44 选中【图像】单选按钮

(4)【选区预览】:用来设置在预览图像时创建选区的方式。包括【无】、【灰度】、【黑色杂边】、【白色杂边】和【快速蒙版】等选项。选择这些选项时的效果如下。

- 【无】:即不设定预览,效果如图 3-42 所示。
- 【灰度】:以灰度方式显示预览,选区为白色,如图 3-45 所示。
- 【黑色杂边】:选区显示为原图像,非选区区域以黑色覆盖,如图 3-46 所示。
- 【白色杂边】:选区显示为原图像,非选区区域以白色覆盖,如图 3-47 所示。
- 【快速蒙版】:选区显示为原图像,非选区区域以半透明蒙版颜色显示,如图 3-48 所示。

(5)【载入】:可以将之前处理过的.axt 文件载入当前文件。

(6)【储存】:将当前处理的图像效果储存起来。

图 3-45 【灰度】效果

图 3-46 【黑色杂边】效果　　　图 3-47 【白色杂边】效果　　　图 3-48 【快速蒙版】效果

（7）【吸管工具】：使用该工具在图像中单击后，可将该区域的色彩信息作为选区的依据创建选区。

（8）【添加到选区】：使用该工具在图像中单击后，可以将选中的颜色信息添加到先前创建的选区范围中。

（9）【从选区中减去】：使用该工具在图像中已经被创建选区的部位处单击，可以将被单击的区域从已创建的选区范围内删除。

（10）【反相】：勾选此复选框，可以将创建的选区反选。

提示：【色彩范围】对话框中的【添加到选区】按钮、【从选区中减去】按钮与【快速选择工具】中的【添加到选区】、【从选区中减去】的使用方法类似。

例 3.4　打开本章素材文件夹中 ren. psd 文件，使用【色彩范围】命令创建选区。

操作步骤如下：

（1）选择【文件】|【打开】命令，打开素材文件 ren. psd，如图 3-42 所示。

（2）使用【选择】|【色彩范围】命令，打开【色彩范围】对话框，选中【选择范围】单选按钮，使用【吸管工具】，并设置【颜色容差】为 130，在图像中人的脸部处单击，此时可选中人的脸部和颈部颜色相同的区域，如图 3-49 所示。

图 3-49　使用【吸管工具】创建选区

（3）使用【添加到选区】 ，单击图像中人的身体和腿部，此时在图像中人的脸部、身体、颈部、腿部和椅子部分建立了选区，如图 3-50 所示。

图 3-50　使用【添加到选区】工具扩大选区

（4）设置完毕后单击【确定】按钮确认。

3.4　本章小结

本章比较详细地介绍了创建规则与不规则选区的方法，以及各种选区的调整、修改与变换的方法。在图像处理中，选区的操作是非常频繁和十分重要的，这部分知识是图像处理的基础，能否熟练掌握、自如运用这些知识，将会直接影响到学习图像处理的成败。

在学习的过程中，不仅要熟练掌握各种选区的编辑操作方法，并且还要了解和掌握对图像选区内的像素进行编辑的方法，为后续的学习打下良好的基础。

第4章 图像的编辑

本章学习重点：

- 掌握 Photoshop CS4 中的填充与擦除工具；
- 掌握渐变色与自定义图案的使用方法；
- 掌握绘图工具与图像修饰工具的使用方法。

4.1 图像的填充与擦除

在 Photoshop CS4 中，图像的填充操作是指对被编辑的图像文件的整体或局部使用色彩进行覆盖。擦除操作正好与之相反，是指用擦除工具将图像的整体或局部的色彩清除掉。

填充工具被集中在【渐变工具】组中，有【渐变工具】和【油漆桶工具】两种工具，使用该工具组中的工具可以在当前的图像或选区中填充渐变色、前景色和图案，如图 4-1 所示，在本节将着重介绍填充和擦除工具的使用方法。

图 4-1　渐变工具组

4.1.1　油漆桶工具

使用【油漆桶工具】可以在当前图层或指定的选区中使用前景色或者图案来填充，单击【油漆桶工具】，其工具选项栏如图 4-2 所示，所对应的选项的含义如下（以后对工具选项栏中介绍过的选项不再重复叙述）。

图 4-2　【油漆桶工具】选项栏

（1）填充：用于设置图层、选区的填充类型，包括【前景】和【图案】两种选项。选择【前景】选项后，填充的颜色与工具箱中的【前景】一致，如图 4-3(b)所示。选择【图案】选项后，可以用预设的图案填充，如图 4-3(c)所示，图 4-3(a)所示为原图。

填充的图案可以是 Photoshop CS4 预设图案，也可以是自定义图案，创建自定义图案的方法是先打开图像或对图像建立选区，如图 4-4(a)所示，选择【编辑】|【定义图案】命令，系统

| (a) 原图像 | (b) 前景填充 | (c) 图案填充 |

图 4-3　【油漆桶工具】使用前景和图案填充图像

显示【图案名称】对话框,设置【名称】后确定,如图 4-4(b)所示,便可以自定义供选用的填充图案。

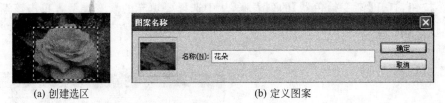

| (a) 创建选区 | (b) 定义图案 |

图 4-4　定义图案

(2) 模式:下拉列表中的选项为填充颜色的各种模式。

(3) 容差:用于填充时设置填充色的范围,取值范围为 0~255。在文本框中输入的数值越小,颜色范围就越接近;输入的数值越大,选取的颜色范围越广。图 4-5(a)显示了容差值为 10 的填充效果,图 4-5(b)显示了容差值为 30 的填充效果。

| (a) 容差值为 10 | (b) 容差值为 30 |

图 4-5　不同容差值的填充效果

(4) 连续的:用于设置填充时的连贯性。

(5) 所有图层:勾选该复选框,可以将多图层的图像看作单层图像一样填充,不受图层限制。

技巧:如果在图层中填充图案又不想填充透明区域,只要在【图层】调板中锁定该图层的透明区域就行了。

4.1.2　渐变工具

【渐变工具】也是用来填充颜色的,但与【油漆桶工具】不同,它不是用纯色来填充,而是用有变化的颜色来填充。用【渐变工具】可以在图像中或选区内填充一个逐渐过渡的颜色，可以是一种颜色过渡到另一种颜色，也可以是多个颜色之间的相互过渡。渐变颜色千变万化，大致可以分成：线性渐变、径向渐变、角度渐变、对称渐变和菱形渐变 5 类。

选择工具箱中的【渐变工具】，【渐变工具】的工具选项栏如图 4-6 所示，其中主要选项的含义如下。

图 4-6　【渐变工具】选项栏

（1）渐变类型 ▭▭▭▭ ：用于设置填充渐变时的不同渐变类型，单击下拉按钮，系统显示如图 4-7 所示的【渐变拾色器】，可以选择拾色器中某种渐变类型，或者单击【渐变拾色器】右上角小按钮，打开【渐变拾色器】的列表框，从中选择要填充的渐变类型。单击该渐变类型框，可以打开【渐变编辑器】窗口，如图 4-8 所示，在其中可以选择和编辑预设的渐变类型，并可编辑渐变颜色。

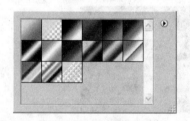

图 4-7　渐变拾色器　　　　　　　　图 4-8　【渐变编辑器】窗口

利用【渐变编辑器】窗口可以创建新的渐变颜色，【渐变编辑器】窗口中各项选项的含义如下。

- 预设：显示当前渐变类型组，可以直接选择要用的渐变类型。
- 名称：显示当前渐变类型的名称，可以自行定义渐变名称。
- 渐变类型：在【渐变类型】下拉列表中包括【实底】和【杂色】选项。选择【实底】选项时参数设置如图 4-9(a)所示。选择【杂色】选项时参数设置如图 4-9(b)所示。可以根据不同需要选择不同选项。
- 平滑度：用来设置颜色过渡的平滑均匀度，数值越大过渡越平稳。
- 色标：用来设置渐变色的颜色与不透明度，以及设置颜色与不透明度的位置。在颜色条上、下两侧单击鼠标可以分别增加【颜色色标】和【不透明度色标】。选中某个

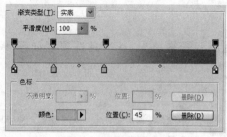 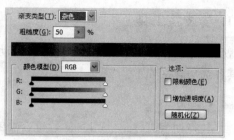

(a) 实底设置　　　　　　　　　　　　　(b) 杂色设置

图 4-9　【实底】和【杂色】选项设置

【颜色色标】或者【不透明度色标】,可以对其颜色和位置进行设置。

- 粗糙度:用来设置渐变颜色过渡的粗糙程度。输入的数值越大,渐变填充就越粗糙,取值范围是 0%～100%。
- 颜色模型:在下拉列表中可以选择的模型有 RGB、HSB 和 LAB 三种,选择不同模型后,通过下面的颜色条来确定颜色,如图 4-9(b)所示。
- 限制颜色:选中该复选框可以降低颜色的饱和度。
- 增加透明度:选中该复选框可以增加颜色的透明度。
- 随机化:单击该按钮,可以随机设置渐变颜色。

(2) 渐变样式 ▉▉▉▉▉:用于设置渐变颜色的形式,单击工具选项栏上的渐变样式按钮,从左至右依次是【线性渐变】、【径向渐变】、【角度渐变】、【对称渐变】和【菱形渐变】,填充效果如图 4-10 所示。

图 4-10　几种渐变方式的效果

(3) 模式:用来设置填充渐变色和图像之间的混合模式。

(4) 不透明度:用来设置填充渐变颜色的透明度。数值越小填充的渐变色越透明。

(5) 反向:如果选择了此复选框,则反转渐变色的先后顺序。

(6) 仿色:如果选择了此复选框,可以使渐变颜色之间的过渡更加柔和。

(7) 透明区域:如果选择了此复选框,则渐变色中的透明设置以透明蒙版形式显示。

【渐变工具】的操作方法很简单,在图像中或者指定的区域中按下鼠标左键设置起点,拖动鼠标到终点处松开鼠标,则就在图像或者指定的区域中填充了渐变色。

4.1.3　擦除工具

橡皮擦工具组中包括 3 种工具,分别是【橡皮擦工具】、【背景橡皮擦工具】和【魔术橡皮擦工具】,如图 4-11 所示,它们都可以擦除图像的整体或局部,也可以对图像的某个区域进行擦除。

1. 橡皮擦工具

使用【橡皮擦工具】擦除像素后将会自动使用背景来填充,其工具选项栏如图 4-12 所示,其各选项含义如下。

图 4-11　橡皮擦工具组　　　　　　　　　图 4-12　【橡皮擦工具】选项栏

(1) 画笔:用来设置橡皮擦的主直径、硬度和画笔样式。

(2) 模式:用来设置橡皮擦的擦除方式,下拉列表中有【画笔】、【铅笔】和【块】3 个选项。选择【画笔】选项时橡皮的边缘柔和带有羽化效果,选择【铅笔】选项时则没有这种效果。选择【块】选项时橡皮以一个固定的方块形状来擦除图像。

(3) 不透明度:可以用于设置橡皮擦的透明程度。

(4) 流量:控制橡皮擦在擦除时的流动频率,数值越大,则频率越高。不透明度、流量以及喷枪方式都会影响擦除的力度,较小力度(不透明度与流量较低)的擦除会留下半透明的像素。

(5) 抹到历史记录:勾选【抹到历史记录】复选框后,用橡皮擦除图像的步骤能保存到【历史记录】调板中,要是擦除操作有错误,可以从【历史记录】调板中恢复原来的状态。

图 4-13(a)所示的效果分别是以【画笔】、【铅笔】和【块】3 种橡皮模式在图像上擦除的效果;图 4-13(b)所示的效果分别是用 30%、60%、90%不同透明度的橡皮擦除后的效果。

(a) 三种橡皮模式的擦除效果　　　　(b) 不同透明度的橡皮擦除效果

图 4-13　使用橡皮不同的擦除方式的示意图

技巧:使用【橡皮擦工具】擦除像素时,按住 Shift 键不放,可以以直线方式擦除;按住 Ctrl 键不放,可以暂时将【橡皮擦工具】换成【移动工具】;按住 Alt 键不放,擦除过的地方在鼠标经过时自动还原。

2. 背景色橡皮擦工具

与【橡皮擦工具】不同的是,使用【背景橡皮擦工具】擦除像素后不会使用背景来填充,而是将擦除像素的部分变成透明,同时也自动将背景层变为透明层。【背景橡皮擦工具】一般用在擦除指定图像中的颜色区域,也可以用作去除图像的背景色。【背景橡皮擦工具】的工具选项栏如图 4-14 所示,各选项的含义如下。

图 4-14　【背景橡皮擦工具】选项栏

（1）取样：设置取样的方式，3 种取样方式的功能如下。

• 【连续】：随着鼠标的移动，会在图像中连续取样，并不断根据取样擦除背景，擦除效果较连续。

• 【一次】：仅擦除与第一次按下鼠标左键取样的颜色相近的颜色。

• 【背景色板】：仅擦除颜色与当前背景色相近的颜色。

（2）限制：设置擦除的模式，3 种擦除的模式如下。

• 【不连续的】：擦除任意区域的颜色。

• 【连续】：擦除与取样色相连的颜色。

• 【查找边缘】：擦除与取样色相连的颜色，但可以保留与取样色反差较大的边缘轮廓。

（3）容差：设置擦除颜色的范围。该值越大，能被擦除的颜色范围就越大。

（4）保护前景色：如果勾选此复选框，图像中与当前前景色一致的颜色将不会被擦除。

在当图像前景与背景色存在的差异较大时使用【背景橡皮擦工具】可以很好地擦除背景色。图 4-15(a)所示的是原始图像，在工具箱中单击【背景橡皮擦工具】，在工具选项栏中设置【画笔的直径】为 300px，【取样】为【连续】，【限制】为【查找边缘】，【容差】为 25％，则擦除后的效果如图 4-15(b)所示。

(a) 原始图像　　　　　　　　(b) 擦除背景色的效果

图 4-15　使用【背景橡皮擦工具】擦除图像示意图

3. 魔术橡皮擦工具

【魔术橡皮擦工具】的功能相比其他两个擦除工具来说就显得更加智能化，一般用来快速去除图像的背景。用法相当简单，只要选择清除颜色的范围，单击鼠标就可将其清除。其功能相当于是【魔棒选择工具】与【背景色橡皮擦工具】的合并。

使用【魔术橡皮擦工具】可以轻松地擦除与取样颜色相近的所有颜色，根据在其工具选项栏上设置的【容差】值的大小来决定擦除颜色的范围，擦除后的区域将变为透明。

【魔术橡皮擦工具】选项栏如图 4-16 所示，选择【容差】值为 50％，单击图像的背景，处理后的图像如图 4-17(a)所示。选择【容差】值为 90％，单击图像的背景，处理后的图像如图 4-17(b)所示。

图 4-16　【魔术橡皮擦工具】选项栏

(a) 容差值为 50%

(b) 容差值为 90%

图 4-17　不同容差的【魔术橡皮擦工具】处理后的效果

技巧：按 Shift＋E 键可以在橡皮擦工具、背景橡皮擦工具及魔术橡皮擦工具之间快速切换。

4.2　绘图工具及其应用

Photoshop CS4 中的绘图指的是通过相应的工具在文件中重新创建的图像，绘图工具主要集中在【画笔工具组】中。【画笔工具组】中包括【画笔工具】、【铅笔工具】和【颜色替换工具】，如图 4-18 所示，学习使用好这 3 种工具可以为 Photoshop 绘图打下良好的基础。

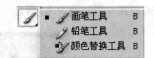

图 4-18　画笔工具组

4.2.1　画笔工具

使用 Photoshop CS4 中提供的画笔工具，可以在图像上绘制丰富多彩的艺术作品。可以将预设的笔尖图案直接绘制到当前的图像中，也可以绘制到新建的图层内。该工具的使用方法与现实中的画笔相似，只要选择相应的画笔笔尖后，在画布上按下鼠标左键后拖曳鼠标便可以进行绘制，被绘制的笔触颜色以前景色为准。

在工具箱中单击【画笔工具】，【画笔工具】选项栏如图 4-19 所示。其中各选项的含义如下。

（1）画笔：在画笔工具选项栏中单击【画笔】右边的小三角形按钮，可在弹出的列表中选择合适的画笔直径、硬度、笔尖的样式。

（2）模式：设置画笔笔触与背景融合的方式。

（3）不透明度：决定笔触不透明度的深浅，不透明度的值越小笔触就越透明，也就越能够透出背景图像。

（4）流量：设置笔触的压力程度，数值越小，笔触越淡。

（5）喷枪：单击喷枪按钮后，【画笔工具】在绘制图案时将具有喷枪功能。

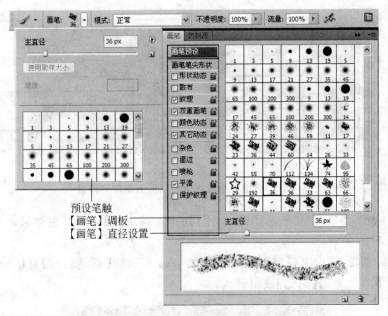

图 4-19　画笔设置

（6）画笔调板：该按钮位于画笔工具选项栏最右边，单击该按钮，系统会打开如图 4-19 右下角所示的【画笔】调板，可以从中对选取预设的画笔进行更精确的设置。

在【画笔】调板图样中选择合适的笔触后，可以绘制如图 4-20 所示的左、中、右 3 幅图案。3 幅图是使用不同的前景色绘制而成的。

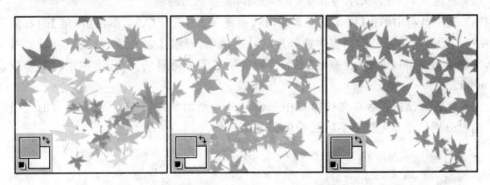

图 4-20　当前景色不同时分别使用同一种画笔笔触绘制得到的图案

技巧：

（1）使用【画笔工具】绘制线条时，按住 Shift 键可以以水平、垂直的方式绘制直线。

（2）使用【画笔工具】绘制图案的最终效果不仅和画笔的笔触类型、笔触流量等设置有关，还和当前文档的前景色设置有关，想绘制符合要求的图案，必须正确设置以上的各种参数。

除了使用 Photoshop 本身提供的画笔以外，还可以自定义不同图案的画笔，不管是一个文字或者是一幅图片都可以被定义为画笔。

例 4.1　将如图 4-21(a)所示的图像中的红色花朵定义为画笔，然后用新画笔绘制图案。操作步骤如下：

(a) 原图像

(b) 创建选区

图 4-21　在图片中选择需要定义为画笔的像素

（1）打开如图 4-21(a)所示的图像,使用【快速选择工具】选取红色花朵部分的像素,如图 4-21(b)所示。

（2）选择【编辑】|【定义画笔】命令,在如图 4-22 所示的【画笔名称】对话框中为此画笔图案命名为"花朵",单击【确定】按钮确认。

图 4-22　定义画笔

（3）新建一个文档,大小为 500×500 像素,背景色为白色。

（4）在工具箱中单击【画笔工具】 ，在【画笔工具】选项栏上,单击【画笔】的右侧小按钮,在弹出的画笔笔触类型列表中选择最后一个选项,即刚才定义的"花朵"笔触,如图 4-23所示。在这里还可以通过【主直径】下的参数滑块来调节笔触的大小,本例中将此参数设置为 100px。

（5）参数都设置好后在文档窗口中单击鼠标绘制图案即可。图 4-24 所示的是当前景色不同时分别使用画笔图案"花朵"绘制得来的图形。

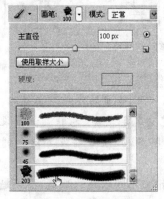

图 4-23　选择笔触并设置参数

图 4-24　使用自定义的画笔绘制的图形

注意：一旦系统中重新安装 Photoshop CS4，则除 Photoshop CS4 本身自带的画笔以外的自定义的新画笔将全部消失，所以为了便于以后的使用，可以通过选择【窗口】|【画笔】命令打开【画笔】调板，单击调板右侧的菜单按钮，然后在其弹出菜单上选择【存储画笔】命令将自定义的画笔保存。

保存后的画笔随时可以载入使用，载入方法是在【画笔】调板的弹出菜单上选择【载入画笔】命令，然后选择需要载入的画笔名称即可。

4.2.2　铅笔工具

所谓【铅笔工具】，顾名思义，通过其绘制出来的图案笔触肯定类似于生活中用铅笔所绘制出来的图案，【铅笔工具】所绘制出来的笔触边缘是有棱角的，如图 4-25 所示，在 Photoshop CS4 中通常使用其来绘制线条。

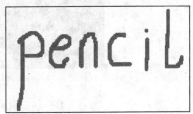

【铅笔工具】的使用方法很简单，在工具箱中单击铅笔工具，即可以在画布中绘制线条或者图案。【铅笔工具】选项栏如图 4-26 所示，其中大部分选项的含义与【画笔工具】相同。工具选项栏中【自动抹除】复选项含义如下。

图 4-25　使用铅笔工具绘制的笔触

图 4-26　【铅笔工具】选项栏

自动抹除：如果选择该复选项，则当【铅笔工具】在与前景色相同的像素区域中拖动鼠标时，将会自动抹掉前景色，而用背景色来填充笔触。在与前景色不相同的像素区域中拖动鼠标时，所拖动的痕迹将以前景色填充。默认情况下，该复选框为不选择状态。

4.2.3　颜色替换工具

使用【颜色替换工具】可以使用选取的前景色来改变目标颜色，从而快速地完成整幅图像或者图像上的某个选区中的色相、颜色、饱和度和明度的改变。选择【颜色替换工具】后的工具选项栏如图 4-27 所示，其中的选项含义与前面章节相同的介绍就不再重复。

图 4-27　【颜色替换工具】选项栏

（1）模式：该下拉列表用来设置替换颜色时的混合模式。包括【色相】、【饱和度】、【颜色】和【明度】几个选项。其中颜色为色相、饱和度与明度的综合。

（2）取样：该按钮组用来选择取样类型。单击按钮，在拖动鼠标时可以连续对颜色进行取样；单击按钮，只能采样单击鼠标时光标所在位置的颜色，并设置此色为基准色；单击按钮，只能替换包含当前背景色的区域。

（3）限制：用来确定替换颜色的作用范围，共有 3 个选项。选择【连续】选项，可以替换指针拖动范围内所有与指定颜色相近并相连的颜色；选择【不连续】选项，可以替换指针拖动范围内所有与指定颜色相近的颜色；选择【查找边缘】选项，可以替换所有与指定颜色相近并相连的颜色，并可以保留较强的边缘效果。

（4）容差：该数值越大，被替换的范围越大。

例 4.2 利用【颜色替换工具】将如图 4-28(a)所示的图像中的花朵颜色改为如图 4-28(b)所示的蓝色。

(a) 原图像　　　　　　　(b) 改变花朵颜色

图 4-28　使用【颜色替换工具】修改图像前后的效果

操作步骤如下：

（1）在 Photoshop CS4 中打开图 4-28(a)所示的图像。

（2）在工具箱中将前景色设置为♯4902fc，然后选取【颜色替换工具】按钮。

（3）在如图 4-27 所示的【颜色替换工具】选项栏上设置画笔直径为 400px，模式为颜色，限制为查找边缘，容差为 50%。

（4）设置好后，用鼠标在花朵上拖曳，颜色替换后的效果如图 4-28(b)所示。

4.3　修饰工具及其应用

在 Photoshop CS4 中修饰图像的工具和方法有多种多样，用来修饰图像的工具组包括**修复工具组**、**图章工具组**和**模糊工具组**等，这些工具组都是对图像的某个部分进行修饰的。应用这些工具时都是使用【画笔】的属性来定义鼠标指针的，所以【画笔】的属性设置会影响到修饰的效果。

4.3.1　修复工具组

修复工具组中包含【污点修复画笔工具】、【修复画笔工具】、【修补工具】以及【红眼工具】，如图 4-29 所示，这几种工具的用法类似，都是用来修复图像上的瑕疵、褶皱或者破损部位等，不同的是前 3 种修补工具主要是针对区域像素而言的，而【红眼工具】则主要针对照片中常见的红眼问题而设的。

1. 污点修复画笔工具

【污点修复画笔工具】比较适合用来修复图片中小的污点或者杂斑，如果需要修复大面积的污点等最好使用后面介绍的【修复画笔工具】、【修补工具】以及【橡皮图章工具】等。单击工具箱中的【污点修复画笔工具】，此时【污点修复画笔工具】选项栏如图 4-30 所示，其中各选项的含义如下。

图 4-29　修复工具组　　　　　　　　图 4-30　【污点修复画笔工具】选项栏

（1）画笔：设置画笔的形状和大小。

（2）模式：设置修复图像时的色彩混合模式。

（3）类型：选中【近似匹配】选项，如果没有为污点建立选区，则样本以污点周围的像素为准取样，并用来覆盖鼠标单击位置的像素，以达到修复目的；如果为污点建立了选区，则样本以选区外围的像素为准取样。

如果选中【创建纹理】选项，则使用选区中的所有像素创建一个用于修复该区域的纹理。

（4）对所有图层取样：是指在多个图层存在的情况下，可以使取样范围扩大到所有的可见图层。

例 4.3　利用【污点修复画笔工具】将如图 4-31(a)所示的图像上的污点去除，污点修复后的效果如图 4-31(c)所示。

(a) 原图像　　　　　　　(b) 画笔笔触形状　　　　　　(c) 修复后效果

图 4-31　【污点修复画笔工具】修复图像示意图

操作步骤如下：

（1）在 Photoshop CS4 中打开图 4-31(a)所示图像。

（2）将画笔调整到与要修改的污点大小相似（画笔笔触比污点稍大一点为好），这时鼠标图像变为画笔笔触形状，如图 4-31(b)所示，将鼠标移动到污点处单击一下即可。

（3）依照步骤（2）分别将其他污点修复完毕，修复后的效果如图 4-31(c)所示。

2. 修复画笔工具

【修复画笔工具】可以复制指定的图像区域中的肌理、光线等，并将它与目标区域像素的纹理、光线、明暗度融合，使图像中修复过的像素与邻近的像素过渡自然，合为一体。

使用该工具进行修复时先要进行取样，按住 Alt 键不放，单击图像获取修补色的地方，再用鼠标在修补的位置上涂抹，完成图像瑕疵的修复。

单击工具箱中的【修复画笔工具】，此时【修复画笔工具】选项栏如图 4-32 所示，其中各选项的含义如下。

图 4-32　【修复画笔工具】选项栏

（1）模式：用来设置修复时的混合模式。如果选用【正常】选项，则使用样本像素进行绘画的同时可把样本像素的纹理、光照、透明度和阴影与像素相融合；如果选用【替换】选项，则只用样本像素替换目标像素，在目标位置上没有任何融合。也可在修复前建立一个选区，则选区限定了要修复的范围在选区内。

（2）源：选择修复方式，有下面两种方式。

- 取样：选中【取样】单选按钮后，按住 Alt 键不放并单击鼠标获取修复目标的取样点。
- 图案：选中【图案】单选按钮后，可以在【图案】列表中选择一种图案来修复目标。

（3）对齐：选中【对齐】复选框后，只能用一个固定的位置的同一图像来修复。

（4）样本：选取图像的源目标点。包括以下 3 种选择。

- 当前图层：当前处于工作状态的图层。
- 当前图层和下面图层：当前处于工作状态的图层和其下面的图层。
- 所有图层：可以将全部图层看成单图层。

（5）忽略调整图层：单击该按钮，在修复时可以忽略图层。

单击【修复画笔工具】，按照图 4-32 所示的工具选项栏设置选项，修复前有污点的图像如图 4-33(a)所示，按住 Alt 键在污点附近单击鼠标取样，然后在污点处拖曳鼠标，就可擦除污点，修复后的图像如图 4-33(b)所示。

(a) 原图像　　　　　　　　　(b) 修复后的图像

图 4-33　修复有大污点的图片

3. 修补工具

【修补工具】与【修复画笔工具】的功能差不多，不同的是【修补工具】可以精确地针对一个区域进行修复。该工具比【修复画笔工具】使用更为快捷方便，所以通常使用此工具来对照片、图像等进行精确处理。

单击工具箱中的【修补工具】 ◇ ，此时文档窗口上方显示该工具选项栏如图 4-34 所示，各选项的作用如下。

图 4-34　【修补工具】选项栏

（1）修补：指定修补的源与目标区域，有下面两个选项。

- 源：要修补的对象是现在选中的区域。

- 目标：与【源】选项正好相反，要修补的是选区被移动后到达的区域，而不是移动前的区域。

（2）透明：如果勾选该项，则被修补的区域除边缘融合外，还有内部的纹理融合，被修补的区域好像做了透明处理。如果不选该项，则被修补的区域与周围的图像只在边缘上融合，而在内部图像的纹理保留不变。

（3）使用图案：单击该按钮，被修补的区域将会以后面显示的图案来修补。

例 4.4　利用【修补工具】将如图 4-35(a)所示图像上的污点去除，污点修补后的效果如图 4-35(b)所示。

(a) 原图像　　　　　　　　　　　　(b) 修补后的图像

图 4-35　【修补工具】修补图像的前、后示意图

操作步骤如下：

（1）在 Photoshop CS4 中打开图 4-35(a)。

（2）将鼠标移动到图像窗口，此时鼠标变形为 个带有小钩的补丁形状，使用其绘制一个区域将污点包围。

（3）将鼠标移动到刚才所绘制的区域中，当鼠标变形为 时，按住鼠标左键拖动该区域到无斑点处，如图 4-35(a)所示，则污点处就会被修补，如图 4-35(b)所示。

4. 红眼工具

【红眼工具】可以将数码相机照相时产生的红眼效果轻松去除，在保留原有的明暗关系和质感的同时，使图像中人或者动物的红眼变成正常颜色。此工具也可以改变图像中任意位置的红色像素，使其变为黑色调。【红眼工具】的操作方法非常简单，在工具箱中单击【红眼工具】 ，设置好属性以后，直接在图像中红眼部分单击鼠标即可。

【红眼工具】选项栏如图 4-36 所示，其中两个选项作用如下。

（1）瞳孔大小：用来设置眼睛的瞳孔或中心的黑色部分的比例大小。数值越大，修复后黑色部分越多,一般情况下使用默认设置。

(2) 变暗量:用来设置瞳孔的变暗量。数值越大,变暗部分越多,一般情况下使用默认设置。

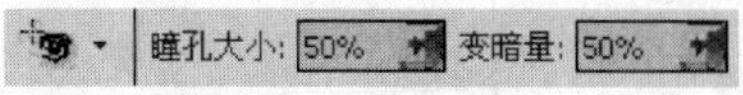

图 4-36 【红眼工具】选项栏

图 4-37 图章工具组

4.3.2 图章工具组

图章工具组中包括【仿制图章工具】和【图案图章工具】,如图 4-37 所示。【仿制图章工具】可以从图像中取样,而【图案图章工具】则可以在一个区域中填充指定的图案。

1. 仿制图章工具

【仿制图章工具】可以十分轻松地复制整个图像或图像的一部分。【仿制图章工具】的使用方法与【修复画笔工具】差不多,也是一种同步工具,包括源指针和目标指针两部分。源指针初始指向要复制的部分,目标指针则可以将复制的部分在图像中另外一个地方绘制出来。在绘制的过程中两种指针保持着一定的联动关系,该工具仅仅是克隆源区域中的像素。单击工具箱中的【仿制图章工具】,此时该工具选项栏如图 4-38 所示,各选项的含义如下。

图 4-38 【仿制图章工具】选项栏

(1) 不透明度:设置克隆后的像素的不透明度,该值越小越透明。

(2) 流量:设置画笔的绘制强度。

(3) 对齐:如果勾选此复选框,则在绘制的过程中,不管停顿多少次,最终绘制的还是一个整体的图像;如果不勾选此复选项,则一旦停笔后的每次绘制都是单独的,即都是从原先的起点开始绘制。

(4) 用于所有图层:勾选该选项后,将从文档的所有图层对象中取样;如果不勾选该项,则只从当前图层的对象中取样。

在 Photoshop CS4 中,可以利用【仿制源】调板对复制的图像进行缩放、旋转、位移等设置,还可以设置多个取样点。选择【窗口】|【仿制源】命令,打开如图 4-39 所示的【仿制源】调板,调板中各选项的含义如下。

(1) 仿制取样点:用来设置取样复制的采样点,可以一次设置 5 个取样点。

- 位移:用来设置复制源在图像中的坐标值。
- 缩放:用来设置被仿制图像的缩放比例。
- 旋转:用来设置被仿制图像的旋转角度。
- 复位变换:单击该按钮,可以清除设置的仿制

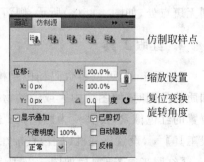

图 4-39 【仿制源】调板

变换。

（2）位移：用来设置被仿制图像相对取样点的坐标，取样点的坐标值为 X=0，Y=0。

（3）显示叠加：勾选该复选框，可以在仿制的时候显示预览效果。

（4）不透明度：用来设置复制的同时会出现采样图像的图层的不透明度。

（5）自动隐藏：仿制时将叠加层隐藏。

（6）反相：将叠加层效果以负片显示。

例 4.5 利用【仿制图章工具】完成图像的复制。

（1）将如图 4-40（a）所示图像上白色荷花复制到图像的左上角，复制后的效果如图 4-40（b）所示。

(a) 原图像   (b) 复制图像

图 4-40 【仿制图章工具】复制图像的示意图

（2）将如图 4-41（a）所示图像上的花草设置旋转 15°复制在图像的左边，复制后的效果如图 4-41（c）所示。

(a) 原图像   (b) 设置参数   (c) 复制效果

图 4-41 在【仿制源】调板中设置参数后的复制效果图

操作步骤如下：

（1）在 Photoshop CS4 中分别打开图 4-40（a）与图 4-41（a）。

（2）在这里按照图 4-38 设置参数，处理图 4-40（a）。按住 Alt 键，在图像中合适的位置单击鼠标设置源区域，如图 4-40（a）所示，松开 Alt 键后鼠标指针变为一个圆圈。

（3）将圆形鼠标指针移动到图像中要复制的位置处，单击并拖动鼠标在图像上涂抹。随着鼠标的移动，源指针也在图像上移动，源区域的像素被复制在目标指针的指示处（源指针鼠标为十字形，目标指针鼠标为圆形光标），如图 4-40（b）所示，松开鼠标即可得到复制的图像。

（4）切换到图 4-41（a），选择【窗口】|【仿制源】命令，打开【仿制源】调板，按住 Alt 键，在图像中合适的位置单击鼠标设置源区域。

（5）按照图 4-41(b)的【仿制源】调板设置参数,将圆形鼠标指针移动到图像中要复制图像的位置处,单击并拖动鼠标在图像上涂抹,效果如图 4-41(c)所示。

2. 图案图章工具

【图案图章工具】可以将预设的图案或自定义的图案复制到图像或者指定的区域中。其工具选项栏如图 4-42 所示,从中可以看出比【仿制图章工具】多了一个【印象派效果】的复选框,如果勾选了该复选框,则仿制后的图案以印象派绘画的效果显示。图 4-43(a)是在图像上绘制一个指定的区域,单击【图案图章工具】,并设置如图 4-42 所示的工具选项栏,然后用鼠标在选区中拖曳复制填充图案,如图 4-43(b)所示。

图 4-42 【图案图章工具】选项栏

(a) 创建选区   (b) 复制填充图案

图 4-43 在指定的区域中复制填充图案

4.3.3 模糊工具组

模糊工具组包括【模糊工具】、【锐化工具】和【涂抹工具】3 种工具,如图 4-44 所示。这几种工具主要用于对图像局部细节进行修饰,它们的操作方法都是按住鼠标左键在图像上拖动以产生效果,下面分别介绍这几种工具的用法。

1. 模糊工具

使用【模糊工具】在图像中拖动鼠标,在鼠标经过的区域中就会产生模糊效果,如果在其工具选项栏上设置【画笔】的值较大,则模糊的范围就较广。单击【模糊工具】,其工具选项栏如图 4-45 所示,其中【强度】选项用于设置【模糊工具】对图像的模糊程度,取值范围为1%~100%,取值越大,模糊效果越明显。其他选项与前面介绍的工具选项功能相同,就不一一赘述了。

图 4-44 模糊工具组

图 4-45 【模糊工具】选项栏

用【模糊工具】对图像作模糊处理,处理前、后的效果对比如图 4-46 所示。

图 4-46　图像模糊前后的对比

2. 锐化工具

使用【锐化工具】在图像中拖动鼠标,在鼠标经过的区域中就会产生清晰的图像效果,如果在其工具选项栏上设置【画笔】的值较大,则清晰的范围就较广;如果【强度】的值较大,则清晰的效果就较明显。其工具选项栏与【模糊工具】基本相似。用【锐化工具】对图像作清晰处理,处理前、后的效果对比如图 4-47 所示。

图 4-47　图像锐化前后的对比

3. 涂抹工具

使用【涂抹工具】可以模拟出在画纸上用手指涂抹未干的油彩后的效果,会将画面上的色彩融合在一起,产生和谐的效果。

如果在其工具选项栏上设置【画笔】的值较大,则涂抹的范围较广;如果设置【强度】的值较大,则涂抹的效果就较明显。与之前两个工具不同的是,在【涂抹工具】选项栏上多了一个【手指绘画】的复选框,如果勾选了此项,则当用鼠标涂抹时是用前景色与图像中的颜色相融可以产生涂抹后的笔触;如果不勾选此项,则涂抹过程中使用的颜色来自每次单击的开始之处。图 4-48 所示是图像涂抹前后的对比。

图 4-48　图像涂抹前后的对比

4.3.4 色调工具组

色调工具组中包括【减淡工具】、【加深工具】和【海绵工具】3 种工具，如图 4-49 所示。这三种工具都可以通过按住鼠标在图像上拖动来改变图像的色调，下面分别介绍这几种工具的用法。

1. 减淡工具

使用【减淡工具】可以使图像或者图像中某区域内的像素变亮，但是色彩饱和度降低，如图 4-50 所示。单击工具箱中的【减淡工具】，工具选项栏如图 4-51 所示，选项栏各选项含义如下。

图 4-49　色调工具组　　　　　　　　图 4-50　图像像素减淡前后的对比

图 4-51　【减淡工具】选项栏

（1）范围：用于对图像减淡处理时的范围选取，包括【阴影】、【中间调】和【高光】3个选项。

· 【阴影】：选择该选项时，加亮范围只局限于图像的暗部。

· 【中间调】：选择该选项时，加亮范围只局限于图像的灰色调。

· 【高光】：选择该选项时，加亮范围只局限于图像的亮部。

（2）曝光度：用来控制图像的曝光强度。数值越大，曝光强度就越明显。

（3）保护色调：对图像减淡处理时，可以对图像中存在的颜色进行保护。

2. 加深工具

使用【加深工具】正好与【减淡工具】相反，可以使图像或者图像中某区域内的像素变暗，但是色彩饱和度提高，如图 4-52 所示。工具选项栏与【减淡工具】一致。

图 4-52　图像像素加深前后的对比

3. 海绵工具

使用【海绵工具】可以精确地提高或者降低图像中某个区域的色彩饱和度,其工具选项栏如图 4-53 所示。工具选项栏中各选项含义如下。

图 4-53 【海绵工具】选项栏

(1) 模式:用于对图像加色或去色的设置,下拉列表中的选项为【降低饱和度】和【饱和】两项。

(2) 自然饱和度:选择该复选框时,可以对饱和度不够的图像进行处理,可以调整出非常优雅的灰色调。

图 4-54 所示的分别是原图像,选择【饱和】后的效果和选择【降低饱和度】后的效果。

(a) 原图像　　　　　(b) 选择【饱和】后的效果　　(c) 选择【降低饱和度】后的效果

图 4-54 分别使用【海绵工具】"加色"和"减色"模式后的效果对比

4.3.5 历史记录画笔工具组

历史记录画笔工具组中包括【历史记录画笔工具】和【历史记录艺术画笔工具】两种工具,如图 4-55 所示。它们与【历史记录】调板相结合可以很方便地恢复图像之前的任意操作。

1. 历史记录画笔工具

【历史记录画笔工具】 常用于恢复图像的操作步骤,使用时需要结合【历史记录】调板才能充分发挥该工具的作用。单击工具箱中的【历史记录画笔工具】,该工具选项栏如图 4-56所示,选项栏各选项含义与前面所述工具栏的选项相同,不再一一赘述。

图 4-55 历史记录画笔工具组　　　　　图 4-56 【历史记录画笔工具】选项栏

在使用【历史记录画笔工具】时必须结合【历史记录】调板对图像进行处理,选择【窗口】|【历史记录】命令,打开如图 4-57 所示的【历史记录】调板,调板中各选项的含义如下。

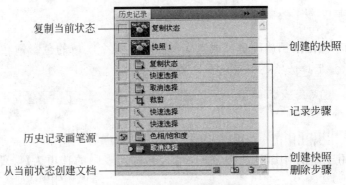

图 4-57 【历史记录】调板

（1）复制当前状态：图像编辑过程中单击调板底部的【从当前状态创建文档】按钮，可以保存当前正在编辑的图像文件。

（2）创建的快照：用来显示创建快照的效果。

（3）记录步骤：用于显示操作中出现的命令步骤，直接选择其中的命令就可以在图像中看到该命令得到的效果。

（4）历史记录画笔源：在调板左侧的方框中单击，会出现画笔源图标，此图标表示在此步骤下面为新的历史记录源。此时结合【历史记录画笔工具】就可以将图像的局部恢复到出现画笔图标时的步骤效果。

（5）从当前状态创建文档：单击该按钮可以保存当前正在编辑的图像文档。

（6）创建快照：单击该按钮可以建立当前正在编辑的图像文档的一个快照效果，保存在调板中。

（7）删除步骤：选择某个记录步骤后，单击此按钮就可以将其删除，或者直接拖动该步骤到该按钮上同样可以将其删除。

2. 历史记录艺术画笔工具

使用【历史记录艺术画笔工具】🖌结合【历史记录】调板可以将图像恢复至以前操作的任意步骤。【历史记录艺术画笔工具】常用于制作艺术效果图像，该工具的使用方法与【历史记录画笔工具】相同。单击工具箱中【历史记录艺术画笔工具】后，该工具的选项栏如图 4-58 所示，选项栏各选项含义如下。

图 4-58 【历史记录艺术画笔工具】选项栏

（1）样式：用来控制产生艺术效果的风格，具体效果如图 4-58 所示。

（2）区域：用来控制产生艺术效果的范围，取值范围是 0～500px，数值越大，范围越广。

（3）容差：用来控制图像色彩保留程度。

使用【历史记录艺术画笔工具】，并按图 4-58 所示的工具选项栏设置各项参数，具体效果如图 4-59 所示。

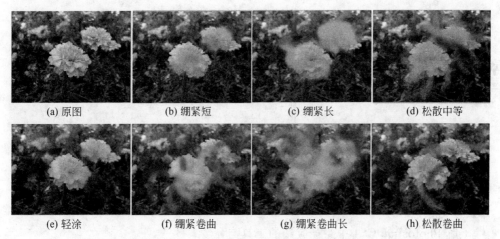

(a) 原图　　　　　　(b) 绷紧短　　　　　　(c) 绷紧长　　　　　　(d) 松散中等

(e) 轻涂　　　　　　(f) 绷紧卷曲　　　　　(g) 绷紧卷曲长　　　　(h) 松散卷曲

图 4-59　历史记录艺术画笔工具处理图像后的各种效果

4.4　本　章　小　结

　　本章主要介绍了图像的编辑与修饰的各种工具及其使用方法。Photoshop CS4 中的填充与擦除工具、绘图及颜色工具和图像修饰工具是图像编辑处理中常用的、重要的工具,了解和掌握这些工具的使用方法及它们在图像处理中的使用技巧,将对学习后面的章节起到重要的作用。

　　本章介绍的工具是图像编辑中最常用的工具,是初学者必须熟练掌握的,在学习过程中可以对重要的基本操作反复练习,不断总结,举一反三,逐步掌握这些基本工具及其应用方法。

第 **5** 章 路径与形状

本章学习重点：

- 了解 Photoshop CS4 中路径应用的工具与命令；
- 了解路径的创建、编辑与基本应用；
- 掌握形状的创建、编辑与【路径】调板的使用方法；
- 掌握文字创建与变形的方法。

5.1 路径创建工具

路径是由多个节点组成的矢量线条，使绘制的图形以轮廓线显示。放大或缩小图形对其没有影响，可以将一些不够精确的选择区域转换为路径后再进行编辑和微调，然后再转换为选择区域进行处理，这样常常会取得事半功倍的效果。图 5-1 所示为路径构成示意图，其中角点和平滑点都属于路径的锚点，即路径上的一些方形小点。当前被选中的锚点以实心方形点显示，没有被选中的以空心方形点显示。

路径可以使用【钢笔工具】、【自由钢笔工具】以及【形状工具组】等来创建，下面分别一一介绍。

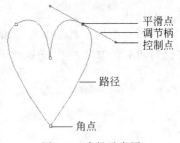

图 5-1　路径示意图

5.1.1 钢笔工具

【钢笔工具】可以用来绘制多个节点的直线或者曲线。单击工具箱中的【钢笔工具】🖊️，其工具选项栏如图 5-2 所示，选项栏中各选项含义如下。

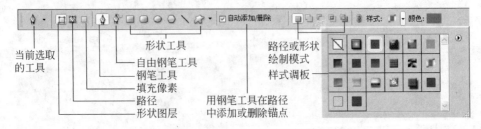

图 5-2　【钢笔工具】选项栏

（1）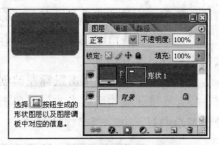：从左至右的功能分别是创建【形状图层】、【路径】和【填充像素】。为了更好地理解这3个按钮的作用，图5-3、图5-4和图5-5显示的是绘制圆角矩形路径时，分别选择这3个按钮，最终生成的对象和对应图层信息的示意图。

- 形状图层：在 Photoshop CS4 中形状图层可以通过【钢笔工具】或【形状工具】来创建，形状图层在【图层】调板中一般以矢量蒙版的形式显示，更改形状的轮廓可以改变显示的图像。

图 5-3　创建形状图层示意图

图 5-4　创建路径示意图

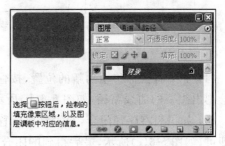

图 5-5　创建填充像素示意图

- 路径：在 Photoshop CS4 中路径由直线或曲线组合而成，锚点就是这些线段的端点。使用工具组中的【转换点工具】，在锚点上拖动便会出现控制杆和控制点，拖动控制点就可以更改路径在图像中的形状。
- 填充像素：在 Photoshop CS4 中填充像素可以认为是使用选取工具绘制选区后，再以前景色填充，如果不新建图层，那么使用像素填充的区域会直接出现在当前图层中。只有选择【形状工具】时，它才会被激活。

（2）可以快速地在【钢笔工具】、【自由钢笔工具】及【形状工具】之间切换，其中是【自由钢笔工具】按钮。

橡皮带：单击最右边的下拉按钮，会弹出一个【橡皮带】的钢笔选项，选中此复选框后，用【钢笔工具】绘制路径时，在第一个锚点和要建立的第二个锚点之间会出现一条假想的线段，只有单击鼠标后，这条线段才会变成真正存在的路径。

（3）自动添加/删除：如果选中该复选框，则可以在路径上添加或者删除锚点。

（4）路径绘制模式：用来对创建的路径进行运算，共有以下4种路径处理模式，具体操作与选区类似。

- 添加到路径区域：可以将两个以上路径合并重组。
- 从路径区域减去：创建第二个路径时，会将经过第一个路径的位置的区域减去。
- 交叉路径区域：两个路径相交的部位会被保留，其他区域会被去除。
- 重叠路径区域除外：当两个路径相交时，重叠的部位的路径会被去除。

（5）单击最右侧的三角形可以选择绘制路径时自动填充的图案样式。

（6）可以设置绘制路径时自动填充的颜色。

【钢笔工具】是 Photoshop CS4 中所有路径工具中最精确的工具，使用【钢笔工具】可以精确地绘制出直线或光滑的曲线,也可以创建形状图层,绘制路径的操作步骤如下。

(1) 单击工具箱中的【钢笔工具】按钮 ◊,在其工具选项栏中单击 ▣ 按钮,这样就可以绘制出单纯的工作路径。

(2) 在工作窗口中单击鼠标左键创建路径的起点,即通常所称的第一个锚点。

(3) 将鼠标移动至适当的位置单击,即可确定第二个锚点,这时我们会发现一条直线路径已经绘制好了,如图 5-6(a)所示。

  (a) 绘制直线   (b) 绘制曲线   (c) 指向第一个锚点   (d) 闭合路径

图 5-6　绘制路径示意图

(4) 如果将鼠标移动到新的位置,按住鼠标左键不放并且拖动鼠标,则可以通过调节曲率绘制出想要的曲线路径,如图 5-6(b)所示。

(5) 如果想将路径闭合,只需将鼠标移动到第一个锚点处,当鼠标变为 ◊。时单击鼠标左键即可,如图 5-6(c)所示,最后得到的闭合路径如图 5-6(d)所示。

5.1.2　自由钢笔工具

【自由钢笔工具】通常用来绘制自由平滑的曲线,其工具选项栏如图 5-7 所示,各个选项的作用与【钢笔工具】选项栏类似,其中如果选中 ☑磁性的 复选框,则在绘制路径时可以快速沿图像反差较大的像素边缘自动添加磁性节点,绘制的曲线非常平滑。

图 5-7　【自由钢笔工具】选项栏

【自由钢笔工具】的使用方法非常简单,只要在工作窗口按住鼠标左键并拖动鼠标就可得到曲线路径,松开鼠标则停止路径绘制。【自由钢笔选项】如图 5-8 所示,各项的含义如下。

(1) 曲线拟合:用来控制光标产生路径的灵敏度,输入的数值越大自动生成的锚点越少,路径越简单。输入的数值范围是 0.5~10px。

(2) 磁性的:勾选此复选框后,【自由钢笔工具】会变成【磁性钢笔工具】,【磁性钢笔工具】类似于【磁性套索工具】,它们都能自动寻找对象的边缘。

图 5-8　自由钢笔选项

- 宽度:用来设置磁性钢笔与边之间的距离,输入的数值范围是 1~256px。

- 对比:用来设置磁性钢笔的灵敏度。数值越大,要求的边缘与周围的反差越大。输入的数值范围是 1%~100%。

- 频率:用来设置在创建路径时产生锚点的多少。数值越大,锚点越多。输入的数值

　　　　　　　　　　Photoshop CS4 图形图像处理教程

范围是 0～100。

(3) 钢笔压力:增加钢笔压力,会使钢笔在绘制路径时变细。

5.2　形　状　工　具

前面介绍了可以用【钢笔工具】和【自由钢笔工具】来绘制不规则的路径,如果想要绘制形状规则的路径,则可以借助于形状工具组,形状工具组如图 5-9 所示。

图 5-9　形状工具组　　　　　　　　　图 5-10　【矩形工具】选项栏

5.2.1　矩形工具和圆角矩形工具

【矩形工具】的操作方法有点类似于【矩形选框工具】,选中该工具后只需在当前操作窗口通过拖动鼠标即可绘制出矩形路径。其工具选项栏中各选项作用同【钢笔工具】和【自由钢笔工具】,在如图 5-10 所示的【矩形工具】选项栏中各选项的含义如下。

(1) 不受约束:如果选中该项则可以绘制任意尺寸的矩形,不受宽、高的限制。

(2) 方形:如果选中该项则绘制出的是正方形。

(3) 固定大小:如果选中该项,则可以在文本框中输入矩形宽和高。定义好后,只需在当前工作窗口单击鼠标即可绘制指定大小的矩形。

(4) 比例:如果选中该项,则可以定义矩形的宽和高的比例,此后绘制的矩形将按照此比例生成。

(5) 从中心:如果选中该项,则将以鼠标在工作窗口单击的位置为中心生成矩形。

(6) 对齐像素:相关内容对齐。

使用【圆角矩形工具】可以绘制具有平滑边缘的矩形,并通过设置工具选项栏中的【半径】值来调整 4 个圆角的半径,输入的值越大,4 个角就越圆滑。它的工具选项栏如图 5-11 所示,工具选项栏中各选项作用可以参照【矩形工具】以及前面介绍过的内容。

图 5-11　【圆角矩形工具】选项栏

5.2.2 椭圆工具

使用【椭圆工具】可以绘制椭圆形和圆形,在工具箱中单击【椭圆工具】按钮 ◯,则【椭圆工具】选项栏如图 5-12 所示,其作用参考【矩形工具】的选项栏。

图 5-12 【椭圆工具】选项栏

注意:在使用【矩形工具】、【圆角矩形工具】和【椭圆工具】时,如果在绘制的同时按住 Shift 键,则可以分别绘制出正方形、正圆角矩形以及正圆形。

5.2.3 多边形工具

使用【多边形工具】可以绘制正多边形和星形,在工具箱中单击【多边形工具】按钮 ◯,则【多边形工具】选项栏如图 5-13 所示,其中各选项的含义如下。

图 5-13 【多边形工具】选项栏

(1) 边:用来设置所要绘制的多边形的边数或者星形的角数。

(2) 半径:该半径是指多边形或星形的中心点到各个顶点的距离,用来确定多边形或星形的大小。

(3) 平滑拐角:如果选中该复选项,则将使多边形各条边之间过渡平滑,如图 5-14 所示。

(4) 星形:制作各边向内凹进的星形。只有选择了该复选框,则以下两个属性才可用。

(5) 缩进边依据:用来控制绘制的星形的凹进程度,该数值越大,星形凹进程度越明显。

(6) 平滑缩进:如果选择该复选框,则星形原本凹进的角点将以平滑的弧线点替代,如图 5-15 所示。

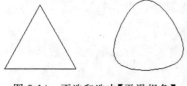

图 5-14 不选和选中【平滑拐角】
绘制出的三边形图形

图 5-15 不选和选中【平滑缩进】
复选框绘制出的星形

5.2.4　直线工具

【直线工具】可以用来绘制不同粗细的直线或带有箭头的线段,在工具箱中单击【直线工具】按钮＼,则【直线工具】选项栏如图 5-16 所示,其中各选项的含义如下。

图 5-16　【直线工具】选项栏

(1) 粗细:设定绘制线段或箭头的粗细,数值越大,直线越粗。

(2) 起点与终点:通过选中复选框来设置箭头的方向,如图 5-17 所示。

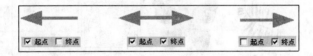

图 5-17　不同箭头方向设置所得到的箭头图形

(3) 宽度和长度:设置箭头的宽度和长度与线宽的倍率。数值越大,箭头的宽度或长度越大。

(4) 凹度:设置箭头的凹凸度,数值为正数时,箭头尾部向内凹;数值为负数时,箭头尾部向外凸,如图 5-18 所示。

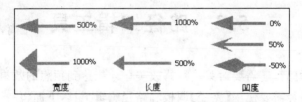

图 5-18　不同比例的宽度、长度、凹度效果比较

5.2.5　自定形状工具

【自定形状工具】可以在图像中绘制一些特殊的图形和自定义图案。系统预置了很多的形状,其载入、存储等方法与渐变、图案等相同。在工具箱中单击【自定形状工具】🔲,则【自定形状工具】选项栏中的当前形状库如图 5-19 所示。

在图像中用任何工具绘制的路径都可以自定义成形状,保存在【自定义形状】库中,以备重复使用。

图 5-20 所示的是使用系统预置的形状绘制的各种图形。图 5-21 所示的是用自定义形状绘制的形状、路径和像素区域。

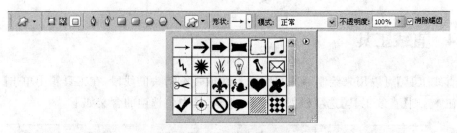

图 5-19 自定义形状调板

图 5-20 自定义图形绘制的图形

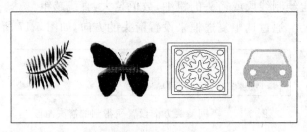

图 5-21 依次是形状、路径、像素区域

技巧：使用【自定形状工具】绘制图案时，按住 Shift 键绘制的图像会按照图像大小进行等比例缩放绘制。

5.3 路径编辑工具

一段路径绘制好后，还需要对其进行修改美化才能达到预想的效果，也就是说需要对其进行编辑，要编辑路径需要使用【路径】调板和路径编辑工具，下面将一一介绍【路径】调板和路径的选择与编辑工具。

5.3.1 路径选择工具组

路径选择工具组中包括【路径选择工具】和【直接选择工具】，如图 5-22 所示。【路径选择工具】可以对路径进行选择、移动、自由变换、复制等操作，而【直接选择工具】可用来对路径的锚点进行选择、移动、自由变换等操作。

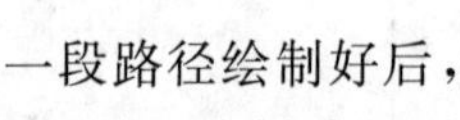

图 5-22 路径选择工具组

这两个工具不同的是使用【路径选择工具】可以选择整个路径且会以实心的形式显示所有锚点；而使用【直接选择工具】时，选中的锚点实心显示，没有选中的锚点则空心显示，如想选取全部锚点应按住 Shift 键后逐个选取。

1. 路径选择工具

使用【路径选择工具】可以快速选择一个或几个路径并对其进行移动、组合、排列、分布和变换等操作(按住 Shift 键可以同时选中几个路径),其工具选项栏如图 5-23 所示,各选项的含义如下。

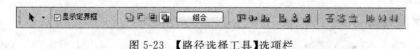

图 5-23 【路径选择工具】选项栏

(1)显示定界框:如果勾选该复选框,将会在该路径外围显示变形控制框,可以用来对路径进行变形处理。另外,路径的变形也可以选择【编辑】|【自由变换路径】命令和 Ctrl+T 键来实现。此时的【变换路径】选项栏如图 5-24 所示。

图 5-24 【变换路径】选项栏

变换设置区:在该区域可以对路径的位置、大小和旋转进行设置。

变形🔛:单击该按钮,可以进入【变形】设置选项栏,进行路径变形设置。

取消🚫:单击该按钮,可以【取消】路径变形设置。

确定✔:单击该按钮,可以【确定】路径变形设置。

(2)组合 ▣▣▣▣ 组合 :在此选择一种路径的运算方式,然后单击【组合】按钮,系统将按照各路径之间的运算关系对路径进行合并运算,并且合并为一个路径对象。

(3)对齐 ▨▨▨ ▨▨▨ :选择两个或两个以上的工作路径后,可以对它们进行排列对齐。包括顶部对齐、垂直中心对齐、底部对齐、左对齐、水平中心对齐、右对齐 6 种方式。

(4)分布 ▨▨▨ ▨▨▨ :选择了 3 个或 3 个以上工作路径后,可以对它们进行均匀分布。包括按顶分布、垂直居中分布、按底分布、按左分布、水平居中分布、按右分布 6 种方式。

2. 直接选择工具

使用【直接选择工具】可以选择并移动路径中的某个锚点,通过对锚点的操作从而改变路径形态。使用方法是在工具箱中单击▶按钮,然后在路径上单击需要修改的某个锚点,通过鼠标的拖动就可以改变锚点的位置或者形态。

5.3.2 编辑锚点工具

常说的编辑锚点工具主要是指在【钢笔工具】组下的添加锚点、删除锚点和转换点工具,如图 5-25 所示。

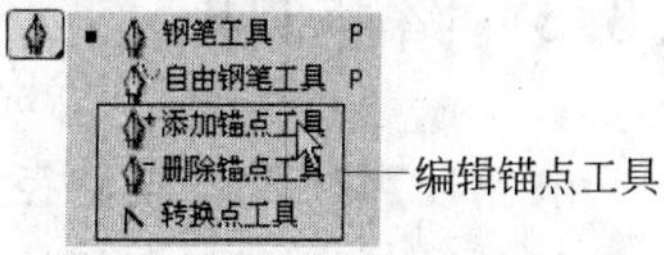

1. 添加锚点工具

通过在路径上添加锚点,可以精确控制和编辑路径的形态。在工具箱中单击【添加锚点工具】按钮🔻,将光标

图 5-25 编辑锚点工具

移到要添加锚点的路径上,在光标变成 ♣ 形状时,单击鼠标左键就可以在单击处添加一个锚点。

在路径上添加锚点不会改变工作路径的形态,但是可以通过拖动锚点或者调控其调节柄改变路径,如图 5-26(a)所示的是原路径,如图 5-26(b)所示的是添加了锚点的路径,并通过调节柄改变路径的形态。

2. 删除锚点工具

【删除锚点工具】的功能与【添加锚点工具】相反,用于删除路径上不需要的锚点,其使用方法与添加锚点工具类似。在工具箱中选中【删除锚点工具】按钮 ♣ ,把光标移动到想要删除的锚点上,当光标变成 ♣- 形状时,单击鼠标左键,即可将该锚点删除。

删除锚点后,剩下的锚点会组成新的路径,即工作路径的形态会发生相应的改变,如图 5-27 所示。

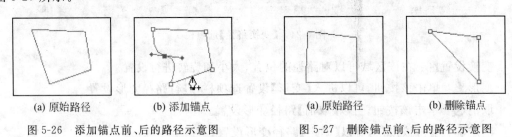

    (a) 原始路径   (b) 添加锚点   (a) 原始路径   (b) 删除锚点

   图 5-26 添加锚点前、后的路径示意图   图 5-27 删除锚点前、后的路径示意图

3. 转换点工具

使用【转换点工具】是通过将路径上的锚点在角点和平滑点之间互相转换,实现路径在直线和平滑曲线间的转换。在工具箱中选中【转换点工具】↖ ,在路径的平滑点上单击可将平滑点转换为角点;拖曳路径上的角点可将角点转换为平滑点,并可以通过调节柄来控制曲率,图 5-28(a)所示的是原始路径,图 5-28(b)所示的是角点转换为平滑点,图 5-28(c)所示的是将平滑点转换为角点。

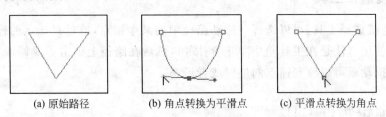

    (a) 原始路径   (b) 角点转换为平滑点   (c) 平滑点转换为角点

      图 5-28 原始路径与角点、平滑点直接转换示意图

5.3.3　路径调板

用【路径】调板可以对路径进行更加细致的编辑,【路径】调板可以用来保存路径或矢量蒙版,还可以对路径进行保存、复制、删除、自由变换、填充、描边以及转换选区等操作。创建了路径后的【路径】调板如图 5-29 所示。调板中各选项含义如下。

图 5-29 【路径】调板

（1）路径：用于存放当前文件中创建的路径，在存储文件时路径会被储存到该文件中。

（2）工作路径：一种用来定义轮廓的临时路径，不可以进行复制。

（3）形状矢量蒙版：显示当前文件中创建的矢量蒙版路径。

（4）用前景色填充路径：单击该按钮，可以对当前创建的路径区域以前景色填充。

（5）用画笔描边路径：单击该按钮，可以对当前创建的路径描边。

（6）将路径作为选区载入：单击该按钮，可以将当前路径转换为选区。

（7）从选区生成路径：单击该按钮，可以将选区转换为路径（图像中有选区时此按钮才可用）。

（8）创建新路径：单击该按钮，可以在图像中新建路径。

（9）删除路径：选定要删除的路径，单击该按钮，可以删除当前选择的路径。

（10）菜单按钮：单击该按钮，可以打开【路径】调板的下拉菜单。

1．新建路径

使用【钢笔工具】在图像上绘制路径后，此时在【路径】调板中会自动创建一个【工作路径】，【工作路径】是一种临时路径，在绘制其他新路径时，该【工作路径】会消失，只有将其存储后才能长久保留。

在【路径】调板的底部单击【创建新路径】按钮，可以创建一个空白的路径层，此时再绘制的路径，就会保留在此路径层中。

在创建形状图层后，会在【路径】调板中出现一个矢量蒙版。

2．存储路径

在创建工作路径后，如果不及时保存，在绘制其他新路径时会将第一个路径删除，所以有用的工作路径应该及时保存，在调板中双击【工作路径】层，或在调板的下拉菜单中选择【存储路径】命令，系统显示【存储路径】对话框，输入名称后确定，就可以将工作路径保存成为永久路径。

拖动工作路径到【创建新路径】按钮上，也可以存储工作路径。

3．移动、删除与隐藏路径

使用【路径选择工具】选择路径后，可将其拖动更改位置；拖动路径层到【创建新路径】按钮上时就可以得到该路径的一个副本；选中路径层后右击鼠标，选择快捷菜单中的【删除路径】命令，就可以将该路径删除；单击【路径】调板灰色区域可以隐藏路径。

5.4 路径工具的应用

前面介绍了路径的常用编辑工具,其实要想创建理想的路径,通常还需使用路径变形、填充路径、描边路径、路径和选区互换等操作来实现,通过这些方法可以创建出边缘复杂或者形状奇特的各种路径。

5.4.1 路径的变形

路径变形的各种方法和图像变形类似,下面使用实例来介绍说明。现有路径如图 5-30(a)所示,在工具箱中单击【路径选择工具】![箭头图标],用鼠标单击选中路径,如图 5-30(b)所示。

(a) 原有路径　　　　(b) 选中路径　　　(c) 应用【自由变换路径】命令

图 5-30　选择与变形路径

(1) 若选择【编辑】|【自由变换路径】命令,此时在编辑窗口的路径上会显示调节框,通过拖动鼠标调节这些节点可以改变路径形态,如图 5-30(c)所示。

(2) 若选择【编辑】|【变换路径】命令,则会弹出如图 5-31 所示的菜单,其中分别有【缩放】、【旋转】、【斜切】、【扭曲】、【透视】和【变形】等命令,可以参照第 3 章中选区变形的内容进行路径的变换。

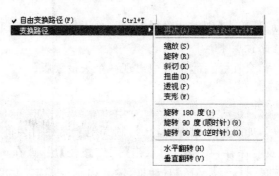

图 5-31　【变换路径】命令

(3) 按 Enter 键结束变形操作,按 Esc 键取消变形操作。

5.4.2 路径的填充

对于路径,也可以像选区一样利用前景色、背景色和图案对其进行填充,从而得到更多样的图像。填充路径的操作方法与选区填充的操作方法类似,与填充选区不同的是,在填充

————————　Photoshop CS4 图形图像处理教程

路径的时候可以设置渲染选项,设置【羽化】和【消除锯齿】功能,通过设置填充的羽化值,有助于图像的边缘与背景的融合。

在【路径】调板中选中【路径】层或者【工作路径】层时,填充的路径是所有路径的组合部分,也可以单独选择【路径】层中一个子路径填充。

单击【路径】调板右上角的菜单按钮,选择【填充路径】命令,打开【填充路径】对话框,如图 5-32 所示。可以直接选择填充的【内容】,【内容】可以是前景色、背景色、自选颜色和图案等,单击【确定】按钮填充路径。也可以单击【路径】调板底部【以前景色填充路径】按钮⬤,为路径填充前景色。

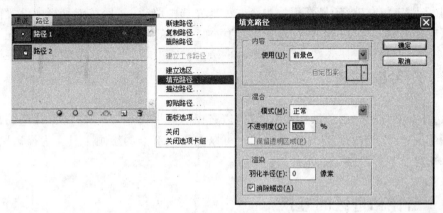

图 5-32 【填充路径】命令及对话框

【填充路径】对话框中各选项的含义如下。

(1) 内容:在此下拉列表中可以选择填充内容,包括前景色、背景色、自定义颜色、图案等。

(2) 模式:在此下拉列表中可以选择填充内容的混合模式。

(3) 羽化半径:设置填充后的羽化效果,该数值越大,羽化效果越明显。

例 5.1 打开素材文件夹中图像文件"伞.jpg"和 bg1.jpg,如图 5-33(a)所示,该图右下角显示的图像是 bg1.jpg。用填充路径的方法将伞面改为 bg1.jpg 的图案,如图 5-33(c)所示。

(a) 素材文件   (b) 创建路径   (c) 填充路径

图 5-33 在编辑窗口创建并选中路径

操作步骤如下:

(1) 选择【文件】|【打开】命令,分别打开图像文件"伞.jpg"和 bg1.jpg。

(2) 切换到图像 bg1.jpg 的工作窗口,选择【编辑】|【定义图案】命令,在【图案名称】对话框中输入"bg1",单击【确定】按钮,完成图案的定义。

（3）切换到图像"伞.jpg"的工作窗口,使用【自由钢笔工具】围绕伞盖图形创建好路径,选中该路径,如图 5-33(b)所示。

（4）在【路径】调板中单击右上角的菜单按钮,在弹出的菜单中选择【填充路径】命令,如图 5-32 所示。

（5）在弹出的【填充路径】对话框中进行填充选项设置,在【使用】下拉列表中选择【图案】选项,并选中已定义好的图案 bg1,设置【不透明度】为 80%,其他选项使用默认值。

（6）设置好【填充路径】对话框中的内容后单击【确定】按钮,此时填充路径区域如图 5-33(c)所示。

实际上对于填充路径,最常用的快捷方法是先选中路径,然后在工具箱中设置前景色,再单击【路径】调板上的【用前景色填充路径】按钮 ⬤,就可以直接对路径进行填充。

5.4.3　路径的描边

描边路径和描边选区的操作相近,但描边路径的效果更丰富。可以使用【路径】调板中的【用画笔描边路径】按钮 ⭕ 对路径描边。可以使用大部分的绘画工具作为描边路径的笔触,制作出各式各样的路径描边效果。

5.4.4　路径和选区的互换

在图像处理的过程中,要创建出图像的局部选区较为容易,再将选区转换成路径,可以对路径进行更为细致的调整,这样容易收到较好的效果。在 Photoshop CS4 中,图像的选区和路径是可以实现互换的。

有些比较复杂的路径可以先制作选区,再由选区转换成路径。比如在当前工作窗口可以轻松地利用【魔棒工具】制作选区,如图 5-34(a)所示,然后只需在【路径】调板中单击下方的【从选区生成工作路径】按钮 ⚙,即可生成与该选区形状一样的工作路径,图 5-34(b)所示,在【路径】调板中可以看出路径的信息。

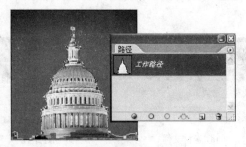

(a) 创建选区　　　　　　　　　　(b) 从选区生成工作路径

图 5-34　选区转换为路径示意图

在图像处理时,要对图像创建路径并转换为选区也很方便,将路径转换为选区可以单击【路径】调板中的【将路径作为选区载入】按钮 ⭕,就可以将创建的路径转换为可编辑的选区。也可以在【路径】调板中单击右上角的菜单按钮,在弹出的菜单中选择【建立选区】命令进行进一步设置。

例 5.2 用【快速选择工具】对图 5-35(a)所示的花朵建立选区，然后将选区转换为路径，并用【散布枫叶】的【画笔工具】对路径描边，描边效果如图 5-35(c)所示。

(a) 原图像　　　　　　　(b) 创建选区　　　　　　　(c) 对路径描边

图 5-35　路径描边示意图

操作步骤如下：

(1) 在工作窗口打开素材图像文件，如图 5-35(a)所示，使用【快速选择工具】建立如图 5-35(b)所示的选区。

(2) 在工具箱中设置前景色为"白色"，由于在 Photoshop CS4 中可以选择多种描边路径的工具，所以此例中我们就使用画笔来对路径进行描边。在工具箱中单击【画笔工具】按钮 ✎ ，在其工具选项栏上设置【画笔工具】的选项如图 5-36 所示。

(3) 最后在【路径】调板上单击【用画笔描边路径】按钮 ◯ 即可描边路径，如图 5-35(c)所示。

如果想使用其他工具来进行描边，可以在【路径】调板中单击右上角的菜单按钮，在弹出的菜单中选择【描边路径】命令，在图 5-37 所示的【描边路径】对话框中选择其他工具。

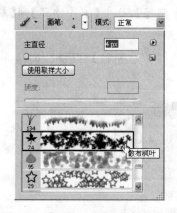

图 5-37　【描边路径】对话框

图 5-36　【画笔工具】选项栏的设置　　　　　　图 5-38　【存储路径】对话框

5.4.5　保存与输出路径

制作好的路径，可以将其及时保存起来以便日后再用。在【路径】调板中单击右上角的菜单按钮，然后选择【存储路径】命令，在弹出的如图 5-38 所示的【存储路径】对话框中定义路径的名称,单击【确定】按钮即可。

在 Photoshop CS4 中创建的路径可以保存输出为 ∗.ai 格式,然后在 Illustrator、3DS MAX 等软件中继续应用,操作方法是选择【文件】|【导出】|【路径到 Illustrator】命令,在【导出路径】对话框中设置保存的路径和文件名,最后单击【保存】按钮即可。

5.4.6 剪贴路径

在打印图像或将图像置入其他应用程序中时,分离前景对象使其他区域变为透明色很有实用价值,【剪贴路径】的操作可以很方便地将图像保存为背景透明色。

例 5.3 用【剪贴路径】的操作方法,将如图 5-39(a)所示的图像保存为如图 5-39(d)所示的背景透明的图像。

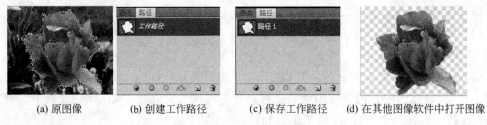

(a) 原图像   (b) 创建工作路径   (c) 保存工作路径   (d) 在其他图像软件中打开图像

图 5-39　剪贴路径示意图

操作步骤如下:

(1) 在工作窗口打开素材图像文件,使用【快速选择工具】建立选区,并转换为路径,操作方法参考例 5.2。

(2) 在【路径】调板中显示如图 5-39(b)所示的【工作路径】,拖曳【工作路径】到【新建路径】按钮 ▣ 上,可得到如图 5-39(c)所示的【路径 1】。

(3) 选择【路径】调板菜单中的【剪贴路径】命令,打开【剪贴路径】对话框,如图 5-40 所示。单击【确定】按钮。

图 5-40　【剪贴路径】对话框

(4) 选择【文件】|【存储为】命令,输入文件的保存位置和文件名,将文件的格式设置为 Photoshop EPS,单击【保存】按钮,并设置【EPS 选项】后保存。

(5) 在其他图像处理软件如 Fireworks、Illustrator 中打开该图像,就会发现该图像无背景,如图 5-39(d)所示。

5.5 文字的编辑处理

Photoshop CS4 虽然是一个图形图像处理软件,但是所具有的文字功能已经可以与一个小型文字处理软件相媲美。在 Photoshop CS4 中不仅能够创建水平或垂直的文字,而且还可以使用查找与替换、拼写检查、对齐、缩进这些专业文字处理软件才具有的功能。另外,利用 Photoshop CS4 的基本工具以及将文字转换为路径或像素图像等方法,可以制作非常精美、变化多端的文字特效。

5.5.1 文字的输入

在工具箱中单击【文本工具组】**T**按钮,会弹出如图 5-41 所示的菜单,其中包括【横排文字工具】**T**、【直排文字工具】**T**、【横排文字蒙版工具】**T**和【直排文字蒙版工具】**T**。

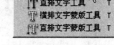

图 5-41   文本工具组

利用【横排文字工具】**T**和【直排文字工具】**T**可以快捷地在图像中输入文本,此时系统将自动为所输入的文本单独创建一个图层。

利用【横排文字蒙版工具】**T**和【直排文字蒙版工具】**T**可以制作文字形状的选区,系统不会自动创建图层。也就是说使用横排和直排文字蒙版工具创建的实际上是一个选区,而非文字,只是选区的形状像文字罢了。

1. 输入文字

在 Photoshop CS4 中,【横排文字工具】是最基本、使用最多的一种文字输入工具,使用该工具可以输入水平方向的文字和段落。在工具箱中单击**T**按钮,在工作窗口想要输入文字的地方单击鼠标左键,这时光标会变成闪烁状,等待输入文字,此时【横排文字工具】选项栏如图 5-42 所示。

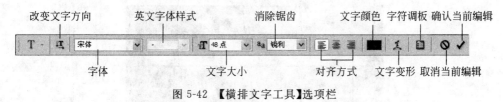

图 5-42   【横排文字工具】选项栏

选项栏中的各选项含义如下。

(1) 改变文字方向:单击此按钮可以进行文字水平和垂直方向的转换。

(2) 字体:设置文本字体,在下拉列表中有"宋体"、"楷体"、"黑体"等多种选项。

(3) 英文字体样式:选择不同英文字体时,会在下拉列表中显示该文字字体所对应的字体样式。

(4) 文字大小:设置输入文字的大小,可以在下拉列表中选择大小,也可以直接在文本框中输入数字。

（5）消除锯齿：可以通过填充边缘像素来产生边缘平滑的文字，在下拉列表中选择消除锯齿的方法。下拉列表中包括【无】、【锐利】、【犀利】、【浑厚】和【平滑】几种方式。

（6）对齐方式：用来设置输入文本的对其方式，从左至右分别是【左对齐】、【居中对齐】和【右对齐】。

（7）文字颜色：用来设置输入文本的颜色。在此处单击鼠标左键，然后在弹出的【拾色器】对话框中选择颜色。

（8）文字变形：输入文字后，单击该按钮，在【变形文字】对话框中选择文字的变形方式。

（9）显示/隐藏字符或段落调板：单击该按钮，可以显示或隐藏【字符】和【段落】调板组。

（10）取消当前编辑：单击该按钮，可以将正处于编辑状态的文字恢复原样。

（11）确认当前编辑：单击该按钮，可以将正处于编辑状态的文字应用设置的编辑效果。

单击工具箱中的【直排文字工具】按钮，或者单击工具选项栏上的【改变文字方向】按钮，就可以将文字输入方式改为垂直方向输入，用鼠标在需要输入文字的地方单击，当光标变为"—"状态时，就可以输入直排文字。

如果想输入段落文字，首先要在图像上用鼠标拖拉出一个控制框，输入的文字会限制在这个框中，利用这个控制框可以缩放和旋转段落文字。

2．输入蒙版文字

利用文字蒙版工具可以创建文字的选区，在工具箱中单击【直排文字蒙版工具】按钮，然后在图像中文字开始的位置处单击鼠标，利用文字蒙版工具输入文字时，图像呈淡红色、文字显示为透明的实体效果。

例 5.4 在图像"海边景色 1.jpg"上建立横排蒙版文字"海滨晚霞"，字体为"华文行楷"，大小为 48 点，把"海滨晚霞"的文字选区复制到图像"海滨晚霞.jpg"上，并调整文字的大小和位置，如图 5-43 所示。

图 5-43　复制文字选区示意图

操作步骤如下：

（1）选择【文件】|【打开】命令，打开素材图像文件"海边景色 1.jpg"和"海滨晚霞.jpg"。

（2）切换到图像文件"海边景色 1.jpg"的工作窗口，单击工具箱中的【横排文字蒙版工具】，按题意设置文字的格式，并在图像合适的位置上单击鼠标，图像呈淡红色透明的效果。

（3）在图像上，输入"海滨晚霞"几个文字，如图 5-44(a)所示，然后单击文字工具选项栏中的按钮确认，文字选区如图 5-44(b)所示。

(a) 输入蒙版文字   (b) 文字选区

图 5-44　输入蒙版文字

（4）选择【编辑】|【拷贝】命令，将文字选区复制到剪贴板。切换到图像"海滨晚霞.jpg"所在的工作窗口，选择【编辑】|【粘贴】命令，将文字选区粘贴到图像"海滨晚霞.jpg"中。

（5）选择【编辑】|【自由变换】命令，调整文字选区的大小，并移到合适的位置上，如图 5-43 所示。

5.5.2　文字的编辑

在 Photoshop CS4 中创建文字时，可以使用前面提到的【字符】调板和【段落】调板进行文字格式化的设置，还可以使用【变形文本】制作变形文字，另外还可以借助文字图层的特效制作特效文字。

1. 设置文字的属性

在 5.5.1 节中已经介绍了使用文字工具选项栏来设置文字的属性，在 Photoshop CS4 中还可以借助【字符】调板来设置文字属性。在文字工具选项栏中单击█按钮，或者选择【窗口】|【字符】命令，弹出【字符】调板如图 5-45 所示，在其中可以对文字进行更为详尽的设置，其中有些设置与文字工具选项栏中的设置一样，就不再重复介绍，这里着重介绍不常用的属性设置。

（1）比例间距：该下拉列表中可以设置的百分比值是指定字符周围的空间。数值越大，字符间压缩就越紧密。取值范围是 0%～100%。

（2）字符间距：该下拉列表可以设置放宽或收紧字符之间的距离，如图 5-46(b)、(c) 所示。

（3）字距微调：该下拉列表可以增加或减少特定字符之间的间距。在【字符微调】下拉列表中包含【度量标准】、【视觉】和 0 三个选项。输入文字后，选择不同的选项后会得到不同

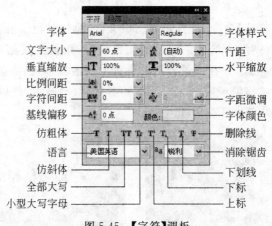

图 5-45 【字符】调板

Photo Photo Photo
(a) 文字原样   (b) 字距为 -100   (c) 字距为 200

Photo   **Photo**
(d) 垂直缩放   (e) 水平缩放

Photo Photo Photo
(f) 选择字符   (g) 基线偏移 20 点   (h) 基线偏移 -20 点

CS4 CS4 CS⁴ CS₄ CS4
(i) 文字原样   (j) 斜体字   (k) 上标   (l) 下标   (m) 下划线

图 5-46 文字编辑示意图

的字距效果。

（4）水平缩放与垂直缩放：用来对输入文字水平或垂直方向上的缩放比例进行设置。设置垂直与水平缩放可以改变字形，即设置拉长或者压扁文字效果，如图 5-46（d）、（e）所示。

（5）基线偏移：设置文本上下的偏移程度。在输入文字后，可以选中一个或多个文字字符，使其相对于文字基线提升或下降，如图 5-46（g）、（h）所示。

（6）文字行距：用来设置当前行基线与下一行基线之间的距离。

（7）字符样式：单击不同按钮，可以完成对所选字符设置样式。从左至右分别是【加粗】、【倾斜】、【全部大写字母】、【小型大写字母】、【成为上标】、【成为下标】、【添加下划线】以及添加【删除线】按钮，如图 5-46（j）、（k）、（l）、（m）所示。

2. 设置段落的属性

在 Photoshop CS4 中用文字工具不但可以创建点文字，还可以创建大段的段落文字，在创建段落文字时,文字基于定界框的大小自动换行。在图 5-45 所示的【字符】调板右侧单击【段落】标签,就可展开如图 5-47 所示的【段落】调板,【段落】调板也是文字编辑排版时有用的工具,在其中可以设置段落的对齐方式和缩进方式等,其各选项含义如下。

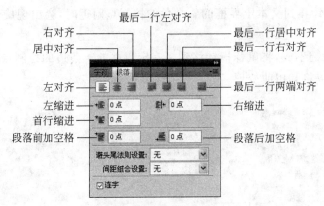

图 5-47 【段落】调板

(1) 段落对齐:设置文本的对齐方式,从左至右分别是【左对齐】、【居中对齐】、【右对齐】、【最后一行左对齐】、【最后一行居中对齐】、【最后一行右对齐】以及【使文本全部两端对齐】。

(2) 文本缩进:设置文本向内缩进的距离,分别是【左缩进】和【右缩进】。

(3) 首行缩进:设置文本首行缩进的距离。

(4) 段前加空格:设置光标所在段落与相邻段落的间距,分别是【段落前添加空格】、【段落后添加空格】,空隙的单位是点。

(5) 避头尾法则设置:设置换行宽松或者严谨。

(6) 间距组合设置:设置段落内部字符的间距。

(7) 连字:如果选中该复选框,则可以将段落中的最后一个外文单词拆开,形成连词符号,使剩余的部分自动换到下一行。

创建和编辑段落文字的方法如下。

(1) 单击【横排文字工具】T,在如图 5-50 所示的图中选择合适的位置按下鼠标左键并向右下角拖曳,松开鼠标会出现文本定界框,如图 5-48(a)所示。

或者按住 Alt 键拖动鼠标,此时会出现如图 5-49 所示的【段落文字大小】对话框,设置文本定界框【高度】与【宽度】后,单击【确定】按钮,可以设置精确的文本定界框。

(a) 文本定界框　　　　(b) 输入文字　　　　(c) 文字超界

图 5-48　段落文字输入示意图

图 5-49　【段落文字大小】对话框

(2) 输入文字,如图 5-48(b)所示。如果输入的文字超出文本定界框的范围,就会在文本定界框的右下角出现图标,如图 5-48(c)所示。

（3）直接拖动文本定界框的控制点可以缩放文本定界框,此时改变的只是文本定界框,其中的文字并没改变大小。按住 Ctrl 键不放,然后拖动文本定界框的控制点可以缩放文本定界框,此时其中的文字也会跟随文本定界框一起变换。

（4）当鼠标指针移到文本定界框的 4 个角的控制点附近时,会出现旋转的符号,拖曳鼠标可以将其旋转。

（5）按住 Ctrl 键不放,将鼠标指针移到文本定界框的 4 条边的控制点时,会变成斜切的符号,拖曳鼠标可以将其扭曲变形。

（a）文字原样　　　　　　（b）旋转文字　　　　　　（c）扭曲文字

图 5-50　段落的旋转与斜切示意图

3. 在路径上添加文字

在路径上添加文字指的是在创建路径的外侧创建文字,使文字显示动感的艺术效果。创建的方法如下。

（1）新建图像文件后,用【钢笔工具】在图像中创建路径,如图 5-51（a）所示。

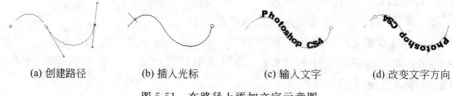

（a）创建路径　　　　（b）插入光标　　　　（c）输入文字　　　　（d）改变文字方向

图 5-51　在路径上添加文字示意图

（2）单击【横排文字工具】,设置好文字的格式后将鼠标移动到路径上,单击鼠标就可以在光标的位置处输入文字,如图 5-51（b）所示。输入文字"Photoshop CS4"后如图 5-51（c）所示。

（3）单击【路径选择工具】,将鼠标移动到文字上,按下鼠标左键并拖曳鼠标可以改变文字在路径上的位置。

（4）按住鼠标向下拖曳,就可以改变文字的方向和依附路径的顺序,如图 5-51（d）所示。

（5）在【路径】调板的空白处单击鼠标,可以隐藏路径。

5.5.3　变形文字

变形文字有很多种制作方式,除了可以在图 5-42所示的文字工具选项栏中单击【变形文字】按钮 ,在图 5-52 所示的【变形文字】对话框中进行设置以外,也可以将文字转换为路径以后进行编辑;还可以通过添加图层样式、滤镜效果等手段来实现变形文字。

1. 利用预设的样式制作变形文字

在 Photoshop CS4 中,用预设的变形文字样式对输入的文字进行艺术化的变形,可以使图像中的文字更加精美。在图像中输入文字后,单击文字工具选项栏中的【变形文字】按钮 ，或者选择【图层】|【文字】|【文字变形】命令,打开如图 5-52 所示的【变形文字】对话框,对话框中各选项的含义如下。

图 5-52 【变形文字】对话框

(1) 样式:用来设置文字变形的效果,在下拉列表中可以选择相应的样式。

(2) 水平与垂直:用来设置变形的方向。

(3) 弯曲:设置变形样式的弯曲程度。

(4) 水平扭曲与垂直扭曲:设置水平或垂直方向上的扭曲程度。

例 5.5 新建图像文件,输入文字 Photoshop CS4,分别对文字应用【毯子(纹理)】样式和【雕刻天空(文字)】样式,并对文字应用【扇形】和【下弧】变形样式,最后在文字上作用【投影】的图层样式,最终效果如图 5-53 所示。

(a) 扇形文字变形样式

(b) 下弧文字变形样式

图 5-53 变形文字的效果图

操作步骤如下:

(1) 在新建的图像文件中输入文字 Photoshop CS4,设置字体为 Arial Black,大小为 30点,选择【窗口】|【样式】命令,打开【样式】调板,单击【毯子(纹理)】样式。

(2) 单击文字工具选项栏中的【变形文字】按钮,打开【变形文字】对话框,在【样式】下拉列表中选择【扇形】选项。

(3) 选择【图层】|【图层样式】|【投影】命令,打开【图层样式】对话框,选择默认的投影参数后确认,得到的文字效果如图 5-53(a)所示。

(4) 如图 5-53(b)所示的文字效果,可以仿照步骤(1)~步骤(3)完成。

2. 通过【变换】菜单制作变形文字

在工作窗口输入文字以后,可以选择【编辑】|【自由变换】命令或者选择【编辑】|【变换】命令来实现文字的变形。打开素材图像 bg4.jpg,如图 5-54(a)所示,选中文字"Photoshop CS4",设置如上节介绍的文字【样式】、【图层样式】和【变形文字】,然后选择【编辑】|【自由变换】命令,此时,在文字的周围会显示变形调节框,通过鼠标的拖曳等操作实现文字的变形,如图 5-54(b)所示,其操作类似于图像的变形操作,这里就不一一介绍。

菜单【编辑】|【变换】命令下分别有【旋转】、【缩放】、【斜切】、【水平翻转】、【垂直翻转】等

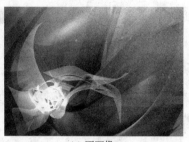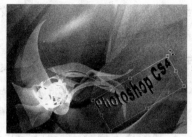

(a) 原图像　　　　　　　　(b) 添加变形文字后的效果

图 5-54　文字变形示意图

子命令,操作也类似于图像的变形操作。

3. 将文字转换为路径进行编辑

在 Photoshop CS4 中通过将文字转换成工作路径和形状的方法,可以实现编辑文本的外形轮廓,从而产生一些特殊的视觉效果。也就是说,将文字转换成工作路径或者形状后,就可以实现使用矢量工具编辑文字,如需要将所选的文本转换成路径时,在【图层】调板的文字层上右击鼠标,在弹出菜单中选择【创建工作路径】命令(如图 5-55 所示),则文本就被转换为路径。转换为路径的文本的外观仍和之前的一样,但是转换后只能作为路径来编辑,此时所有的矢量工具都可以对它进行编辑。但是文本一旦转换成了路径,就失去了原有的文本属性,无法再将其作为文本来编辑。

从工具箱中选择【次选工具】,单击文字后该文字上会出现许多矢量调整点,用鼠标拖动这些矢量点,文本

图 5-55　创建路径命令

会产生变形。结束对文本的变形后,可以在文本以外任意点单击鼠标,从而可以取消选择文本上的矢量点。

5.6　本章小结

本章主要介绍了 Photoshop CS4 的 3 个重要的知识点:路径、形状与文字。

路径与形状是图像处理中的重要知识点,它们都可以用钢笔工具或者形状工具来创建,但是路径是以绘制图形的轮廓线来显示的,不可以打印;形状是绘制的矢量图形,以蒙版的形式出现在【图层】调板中,二者有本质的区别。

文字是图像创作中不可或缺的一部分,在 Photoshop CS4 中文字编辑和格式化的方法变化无穷,使用不同的样式、不同的变形、不同的编辑手段可以获得不同的文字效果。另外,创建了文字就创建了文字图层,各种图层样式都能作用于文字。

本章的操作重点较多,很多基本操作对初学者来说是必须熟练掌握的,在学习过程中对重要的基本操作应反复练习,认真归纳总结,举一反三,最终达到熟练运用。

第 **6** 章 图像的颜色

本章学习重点：

- 了解 Photoshop CS4 中各种颜色模式以及特点；
- 掌握 Photoshop CS4 的曲线、色阶等命令；
- 掌握调整图像的色相、饱和度、对比度和亮度的方法；
- 掌握修正图像色彩失衡、曝光不足或过度等缺陷的方法。

6.1 图像的颜色模式

颜色本身就是一个变幻多端的世界，可以产生各种效果让画面更加绚丽，并且激发人的感情和想象，让毫无生机的图像充满活力。

各种颜色模式把色彩分成了几个颜色组件，然后根据不同颜色组件来定义各种颜色，对颜色不同组件的分类，就形成了不同的色彩模式。

6.1.1 颜色模式的基本概念

颜色模式是用于表现颜色的一种数学算法，也就是将一种颜色翻译成数字数据的方法，颜色在各种媒体中均有了一致的描述。设计者可以通过颜色的模式（如 RGB）为具体的颜色设置具体的颜色值，可以在不同情况下得到同一种颜色。

各种各样的颜色丰富多彩，然而任何一种颜色模式都不可能将全部颜色表现出来，只有根据颜色模式的特点表现某一个色域范围的颜色。因此需要表现丰富多彩的颜色就要选用色域范围大的颜色模式，反之则选择色域范围小的颜色模式。

6.1.2 常用的颜色模式

一个图像有时多达 24 个通道，默认情况下，位图模式、灰度、双色调和索引颜色图像中是一个通道，RGB 和 Lab 图像有 3 个通道，CMYK 图像有 4 个通道。

1. 位图模式

位图模式的像素不是由字节表示，而是由二进制表示，也就是使用两种颜色值（黑色和白色)由二进制表示图像的颜色。位图模式的图像占磁盘空间最小,但无法表现丰富的色彩和色调。

2. 灰度模式

灰度模式是指用黑色和白色显示图像,是由 256 级的灰度组成的。图像中每一个像素都能用 0~255 间的亮度来表现,因此在此模式下图像表现得比较细腻。灰度模式可以由彩色图像转换得到,而使用黑白胶片拍出来的照片则是灰度模式的图像。

3. 双色调模式

双色调模式是通过 2~4 种自定义油墨创建双色调(两种颜色)、三色调、四色调的灰度图像。色彩图像转换为双色调需先转换为灰度模式。

4. 索引颜色模式

在索引颜色模式下图像像素用一个字节表示,它最多包含有 256 色的色表储存并索引其所用的颜色,但图像质量不高,占空间比较少。因此通常将输出到 Web 和多媒体程序的图像文件转换为索引颜色模式。如 GIF 格式图像则可为索引颜色模式。

5. RGB 颜色模式

RGB 模式是基于自然界中 3 种原色的混合原理,将红(R)、绿(G)和蓝(B)三原色按照从 0(黑)~255(白色)的亮度值在每个色阶中分配,从而指定其色彩。当不同亮度的原色混合后,便会产生出多达 256×256×256 种颜色,约为 1670 万种。这 3 个通道可以转换成每像素 24(8×3)位的颜色信息。例如,一种明亮的红色可能 R 值为 246,G 值为 20,B 值为 50。

当 3 种原色的亮度值相等时,产生灰色;当 3 种亮度值都是 255 时,产生纯白色;而当所有亮度值都是 0 时,产生纯黑色;因此也称为色光加色模式。而加色模式一般用于视频、光照和显示器。

6. CMYK 颜色模式

CMYK 颜色模式是一种印刷模式。其中 4 个字母分别代表青(Cyan)、洋红(Magenta)、黄(Yellow)、黑(Black)4 色,在印刷中代表 4 种颜色的油墨。CMYK 模式在本质上与 RGB 模式没有什么区别,只是产生色彩的原理不同,在 RGB 模式中由光源发出的色光混合生成颜色,而在 CMYK 模式中由光线照到有不同比例 C、M、Y、K 油墨的纸上,部分光谱被吸收后,反射到人眼的光产生颜色。由于 C、M、Y、K 在混合成色时,随着 C、M、Y、K 四种成分的增多,反射到人眼的光会越来越少,光线的亮度会越来越低,所以 CMYK 模式产生颜色的方法又被称为色光减色模式。

CMYK 颜色模式为每个像素的每种印刷油墨指定一个百分比值。为最亮颜色指定的印刷油墨颜色百分比低,而较暗颜色指定的百分比较高。在 CMYK 的图像中,4 种颜色的值为 0% 时就成为纯白色。

7. LAB 颜色模式

Lab 模式是当前包括颜色最广的模式,能够包含所有的 RGB 和 CMYK 模式中的颜色,CMYK 模式所包含的颜色最少,有些在屏幕上看到的颜色在印刷品上却无法实现。因此这种模式也是 Photoshop 在不同颜色模式中转换使用的中间模式,并且还解决了由于不同的显示器和打印设备所造成的颜色值的差异,也就是它可以不依赖于设备。

Lab 颜色是以一个亮度分量 L 及两个颜色分量 a 和 b 来表示颜色的。其中 L 的取值范围是 0～100,a 分量代表由绿色到红色的光谱变化,而 b 分量代表由蓝色到黄色的光谱变化,a 和 b 的取值范围均为 ＋120～－120。如果只需要改变图像的亮度而不影响其他颜色值,可以将图像转换为 Lab 颜色模式。然后在 L 的通道里进行操作。

6.1.3 颜色表

一个 RGB 的图像转成为索引颜色模式后,则可以使用颜色表。选择【图像】|【模式】|【颜色表】命令,即可打开【颜色表】对话框,如图 6-1 所示。此对话框可以编辑和保存颜色表,还可以选择载入其他颜色表来改变图像的颜色。【颜色表】中各选项含义如下。

(1) 自定:显示当前图像的颜色表。

(2) 黑体:当一个黑色物体被加热后,会不断升高产生的从黑—红—橙—黄—白的颜色,这个颜色表就是基于这种形式而产生的。

(3) 灰度:从黑到白的 256 种灰度色调组合而成的颜色表。

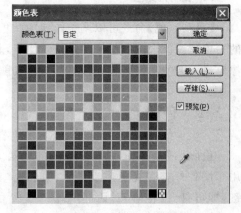

图 6-1 【颜色表】对话框

(4) 色谱:是基于自然的色谱,即红、橙、黄、绿、青、蓝、紫建立的颜色表。

(5) 系统(Mac):是苹果公司提供的系统颜色表。

(6) 系统(Windows):是微软公司提供的系统颜色表。

6.2 图像的色调调整

图像的色调主要是控制图像明暗度的调整。画面中的图像如果比较暗,则可以通过下面学习的色阶、自动色阶、曲线、亮度或对比度等来进行调整,使图像变得更加符合设计的需求。

6.2.1 自动调整命令

在 Photoshop CS4 中已经预设了一些颜色、色阶等快速命令,使用这些命令可以加快图像编辑的速度,打开图像后执行相应的快速调整命令就可以完成调整的效果。

1. 自动色阶

【自动色阶】命令可以调整图像的明暗度。可以将每个通道中最亮和最暗的像素自定义为白或黑,然后按比例重新分配其间的像素,并不是极端像素值。因此【自动色阶】命令与【色阶】命令对话框中的【自动】按钮的功能是相同的。

选择【图像】|【自动色阶】命令,或按 Shift+Ctrl+L 键。这种调节方法相对不如上面所讲的方法精准,有时色调的平衡度不是很好。

2. 自动对比度

【自动对比度】命令可以调整图像中颜色的总体的对比度,即图像中亮部和暗部的对比度,使得高光区显得更亮,阴影区显得更暗,从而增加图像的对比度。选择【图像】|【自动对比度】命令,或按 Alt+Shift+Ctrl+L 键。

3. 自动颜色

【自动颜色】命令可以调整图像中颜色的平衡关系。可以在图像中自动查找高光和暗调的平均色调值来调节图像的最佳对比度,且可以自动设置图像中的灰色像素来达到调节图像色彩平衡的功能。选择【图像】|【自动颜色】命令,或按 Shift+Ctrl+B 键。

6.2.2 色阶

色阶调整可以通过调整图像的明暗关系来改变色调的范围和色彩平衡关系。一般可用于图像修整曝光不足或过量的问题。选择【图像】|【调整】|【色阶】命令,或按 Ctrl+L 键,即可打开【色阶】对话框,如图 6-2 所示。设计者可以利用滑块或输入数值来调节输入或输出的色阶。通过【色阶】对话框来调节图像的颜色,【色阶】对话框中各选项含义如下。

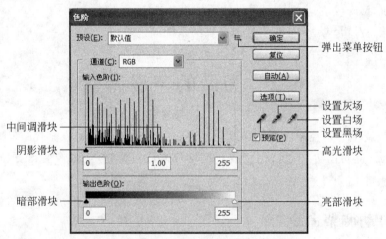

图 6-2 【色阶】对话框

（1）预设：用来选择已经调整完毕的色阶效果，单击右侧的弹出菜单按钮可以打开下拉列表。

（2）通道：可以选择所要调整的颜色通道，系统默认为 RGB 复合颜色通道。在调整复合通道时，各种颜色的通道像素会按比例自动调整，避免改变图像色彩平衡。

（3）输入色阶：在输入色阶对应的文本框中输入数值或拖曳滑块来调整图像的色调范围，可以提高或降低图像的对比度。左侧方框用于设置图像暗部色调，其范围是 0～253，通过数值可将图像的效果变暗。中间方框用于设置图像中间色调，其范围是 0.10～9.99，可以将图像变亮。右侧方框用于设置图像亮部色调，其范围是 2～255，通过数值可将图像的效果变亮白。如图 6-3 和图 6-4 所示，经过调整色阶数值，由原来的 0～255 调整至 30～200，可以让原来比较灰蒙蒙的图像变得在细节上更加丰富，在画面色调上更加亮丽明快。有些图像可能整体从黑到白的全部色调都有范围，但照片本身可能因为不正常曝光影响整个图像的效果，或者图像整体太暗（曝光不足），或是整体太亮（曝光过亮）。那么设计者则可以通过色调滑块来调节色阶。

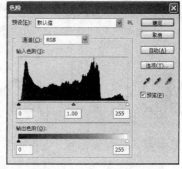

图 6-3　色阶调整前原图像

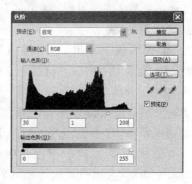

图 6-4　色阶调整后图像

- 阴影滑块：用于设置暗部的色调值，向右拖动可增加输入色阶中左侧方框的值，图像变暗。
- 中间调滑块：用于扩大或缩小中间的色调范围，向左右拖动可增加或减少输入色阶中间方框的值。
- 亮调滑块：用于设置亮部的色调值，向左拖动可减少输入色阶中右侧方框的值，图像变亮。

（4）输出色阶：在对应的文本框中输入数值或拖曳滑块来调整图像的亮度范围，【暗部】可以使图像中较暗的部分变亮；【亮部】可以使图像中较亮的部分变暗。

有些图像，它只缺少暗色调，可以直接调节右侧的【亮部】滑块，使图像整体变暗，如图 6-5(b)所示。有些图像，它只缺少亮色调，可以直接调节左侧的【暗部】滑块，使图像整体变亮，如图 6-5(c)所示。

   (a) 原图像   (b) 调整高光滑块的图像   (c) 调整阴影滑块的图像

图 6-5 使用色调滑块调整图像

（5）弹出菜单按钮：单击该按钮可以打开下拉菜单，其中有以下 3 个选项。

- 存储预设：单击该选项，可以将当前设置的参数存储下来，存储文件的扩展名是
  ＊.ALV，在【预设】下拉列表中可以看到被存储的选项。
- 载入预设：单击该选项，可以用于载入外部的色阶文件作为当前图像文件的调整
  参数。
- 删除当前预设：单击该选项，可以删除当前选择的预设。

（6）自动：单击该按钮可以将【暗部】和【亮部】自动调整到最暗和最亮。

（7）选项：单击该按钮可以打开【自动颜色校正选项】对话框，在对话框中设置【阴影】和【高光】所占的比例，如图 6-6 所示。

（8）设置黑场：用来设置图像中阴影的范围。在【色阶】对话框中单击【设置黑场】按钮，用鼠标在图像中选取点处单击，此时图像中比选取点更暗的像素颜色将会变得更深（黑色选取点除外）。

（9）设置灰场：用来设置图像中中间调的范围。在【色阶】对话框中单击【设置灰场】按钮，用鼠标在图像中选取点处单击，可以对图像中间色调的

图 6-6 【自动颜色校正选项】对话框

范围进行平均亮度的调节。一般照片在拍摄中发生偏色情况，则可用灰色吸管根据生活常识来调整图像的偏色问题。

（10）设置白场：与设置黑场的方法正好相反，用来设置图像中高光的范围。在【色阶】对话框中单击【设置白场】按钮，用鼠标在图像中选取点处单击，此时图像中比选取点更亮的

像素颜色将会变得更浅(白色选取点除外)。

使用白场调整后的图像如图 6-7 所示。

(a) 原图像　　　　　　　　　(b) 使用白场调整后的图像

图 6-7　使用白场调整图像

6.2.3　曲线

【曲线】命令与【色阶】命令很类似,可以调节图像的整个色调的范围,应用比较广泛。它可以通过调节曲线来精确地调节 0~255 色阶范围内的任意色调,因此使用此命令调节图像更加细致精确。

1.曲线调节

选择【图像】|【调整】|【曲线】命令,或按 Ctrl+M 键,可打开【曲线】对话框,如图 6-8所示。

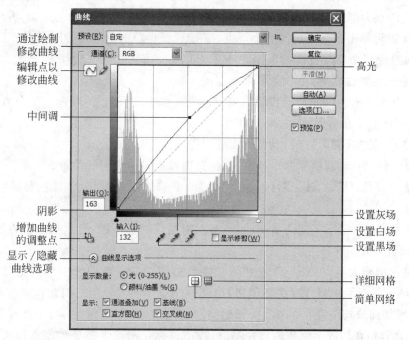

图 6-8　【曲线】对话框

在【曲线】对话框中，X 轴代表图像的输入色阶，从左到右分别为图像的最暗区和最亮区。Y 轴代表图像的输出色阶，从上到下分别为图像的最亮区和最暗区。设置曲线形状时，将曲线向上或向下移动可以使图像变亮或变暗。在曲线上单击，曲线向左上角弯曲，图像则变亮；当曲线形状向右下角弯曲，图像则变暗。如图 6-9 所示，通过调整曲线和控制点来调整图像效果。【曲线】对话框中各选项含义如下。

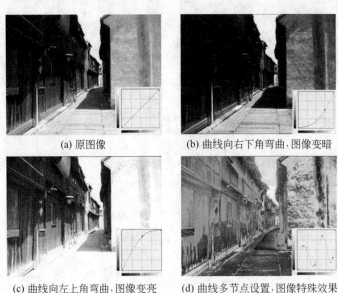

(a) 原图像　　　　　　　　(b) 曲线向右下角弯曲，图像变暗

(c) 曲线向左上角弯曲，图像变亮　　(d) 曲线多节点设置，图像特殊效果

图 6-9　【曲线】调节图像的变化

（1）编辑点以修改曲线：单击此按钮，可以在曲线上添加控制点来调整曲线。单击在曲线上产生的点为节点，其数值可以显示在输入和输出文本框中。单击多次，可出现多个节点，按 Shift 键再单击鼠标可选择多个节点；按 Ctrl 键再单击鼠标可删除多余节点。

（2）通过绘制来修改曲线：单击此按钮，可以在直方图内绘制曲线。

（3）高光：拖曳【高光】控制点可以改变高光。

（4）中间调：拖曳【中间调】控制点可以改变图像中间调，当曲线向左上角弯曲，图像则变亮；当曲线向右下角弯曲，图像则变暗。

（5）阴影：拖曳【阴影】控制点可以改变阴影。

（6）显示修剪：勾选该复选框，可以在预览图像中显示修剪的位置。

（7）显示数量：其中有【光】、【颜料/油墨】两个单选项，分别表示加色与减色颜色模式状态。

（8）显示：包括显示不同通道的曲线、显示对角线的基准线、显示色阶直方图和拖动曲线时水平和垂直方向的参考线。

（9）显示网格大小：单击两个按钮可以在直方图中显示不同大小的网格，【简单网格】指以 25% 的增量显示网格线；【详细网格】指以 10% 的增量显示网格线。

（10）增加曲线调整点：单击此按钮后，使用鼠标指针在图像上单击，会自动按照图像单击像素的明暗，在曲线上创建调整控制点，按下鼠标在图像上拖曳控制点即可调整曲线，如图 6-10 所示。

──────── Photoshop CS4 图形图像处理教程

图 6-10 【增加曲线调整点】调整曲线示意图

2. 铅笔调节

使用铅笔绘制曲线的形状,则曲线的变化更为多种多样。单击【曲线】对话框中的【通过铅笔曲线】按钮,用鼠标在直方图中绘制所需形状的曲线,如图 6-11(a)所示,然后单击【平滑】按钮,让曲线变得更加平滑流畅,再进行细节调整使其更加满意,如图 6-11(b)所示。

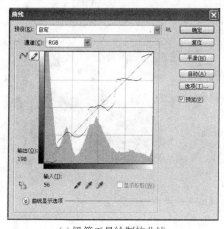

(a) 铅笔工具绘制的曲线

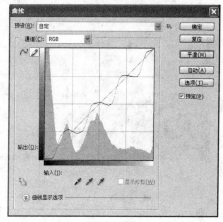

(b) 平滑曲线

图 6-11 用铅笔工具绘制曲线形状

例 6.1 用色阶调节的方法对高色调图像、低色调图像和平均色调图像的颜色进行调整。操作步骤如下:

(1) 对于高色调图像因其自身的色调过亮,会导致图像的细节丢失。可以在【曲线】对话框中将高亮区向下稍作调整,减少高亮区,同时将中间色调区和阴影区域也调整一下,通过这样的色阶调节,使图像更加富有层次感,如图 6-12 所示。

(2) 对于低色调图像因其自身的色调过暗,往往也容易导致图像的细节丢失。可以在【曲线】对话框中将阴影区向上稍作调整,减少阴影区,同时将中间色调区和阴影区域也调整一下,通过这样按比例地将各色阶进行调节,使图像更加富有层次感,如图 6-13 所示。

(3) 平均色调图像的色调过于集中在中间色调的范围内,缺少明暗对比。可以通过锁定曲线的中间色调区域,将阴影区的曲线稍向下调,将高亮区的曲线稍向上调,使图像的明暗对比明显一些,如图 6-14 所示。

(a) 原图像　　　　　　(b) 调整曲线　　　　　　(c) 调节后图像

图 6-12　调整高色调的图像

(a) 原图像　　　　　　(b) 调整曲线　　　　　　(c) 调节后图像

图 6-13　调整低色调的图像

(a) 原图像　　　　　　(b) 调整曲线　　　　　　(c) 调节后图像

图 6-14　调整平均色调的图像

6.2.4　亮度和对比度

【亮度/对比度】命令是用来调节图像的明亮程度和对比度的命令,不可以对单一的通道做调节,只能简单和直观地对图像进行宏观的调节。如果要精细地调节图像则要用色阶或曲线命令进行调节。

选择【图像】|【调整】|【亮度/对比度】命令,或按 Ctrl＋B 键,可打开【亮度/对比度】对话框,如图 6-15 所示。

（1）亮度:拖动滑块或在文本框中输入－100～＋100 之间的数值,调节图像的明暗程度。向右移动滑块增加亮度,向左反之,如图 6-16 所示。

（2）对比度:拖动滑块或在文本框中输入－100～＋100 之间的数值,调节图像的对比度。向右移动滑

图 6-15　【亮度/对比度】对话框

块增强对比效果,向左反之,如图 6-16 所示。

(a) 原图像   (b) 亮度为 80 的图像   (c) 对比度为 80 的图像

图 6-16   色彩亮度、对比度调节前后的图像

6.3   图像的色彩调整

Photoshop CS4 具有很强的色彩处理功能,但是这些处理功能都建立在一些最基本的色彩理论的基础上,通过学习色彩的基本知识来进一步精通色彩的各种调节方式,让图像变得更加生动多彩。

6.3.1   色相和饱和度

【色相/饱和度】命令是调整和改变图像像素的色相、饱和度和明度的命令,并且可以定义图像全新的色相和饱和度,实现灰度图像的着色功能和创作单色调图像效果。选择【图像】|【调整】|【色相/饱和度】命令,或按 Ctrl+U 键,可打开【色相/饱和度】对话框,如图 6-17 所示。其中各选项含义如下。

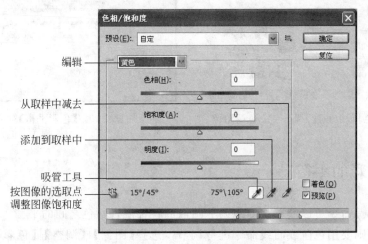

图 6-17 【色相/饱和度】对话框

(1) 预设:系统预先保存的调整数据。
(2) 编辑:从列表中选择所需要调整颜色的范围。其中【全图】表示对图像中的所有像

素都起作用。选择其他颜色,则只对所选颜色的【色相】、【亮度】和【饱和度】进行调节。

(3) 色相:通常指颜色,拖动滑块或在文本框中输入数值来调节图像的色相。调节范围是-180～+180。

(4) 饱和度:通常指一种颜色的纯度,颜色越纯,饱和度越大;反之,饱和度越小。拖动滑块或在文本框中输入数值来调节图像的饱和度。调节范围是-100～+100。向左移动滑块降低图像饱和度,向右移动滑块增加图像饱和度。

(5) 明度:通常指色调的明暗度,拖动滑块或在方框中输入数值来调节图像的明度。调节范围是-100～+100。向左移动滑块减少图像明度,向右移动滑块增加图像明度。

(6) 吸管:在图像编辑中选择具体的颜色时,吸管处于可选状态。选择对话框中的吸管工具,可以配合下面的颜色条来选取颜色增加和减少所编辑的颜色范围。

(7) 添加到取样中:即带"+"号的吸管工具,用该工具并按 Shift 键可以在图像中已选取的色调中再增加范围。

(8) 从取样中减去:即带"-"号的吸管工具,用该工具并按 Alt 键则可在图像中为已选取的色调减少调整的范围。

(9) 着色:勾选【着色】复选框后,可以为灰度图像或是单色图像上色,产生单色调的效果。也可以对一幅彩色的图像进行处理,所有的颜色会变成单一彩色调,如图 6-18 所示。

(10) 按图像的选取点调整图像饱和度:单击此按钮,使用鼠标在图像的相应位置拖曳时,会自动调整被选区域颜色的饱和度。

注意:在【色相/饱和度】对话框中,使用载入和存储功能,可保存对话框中的设置,其文件的扩展名为＊.AHU。而位图和灰度模式的图像是不可以使用【色相/饱和度】命令的,要想使用必须先转为 RGB 等色彩模式。

(a) 原图像　　(b) 选择【着色】后的图像

图 6-18　【色相/饱和度】调整单一色调图像

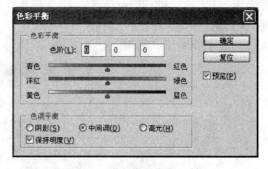

图 6-19　【色彩平衡】对话框

6.3.2　色彩的平衡

【色彩平衡】命令可以简单快捷地调节图像的各种混合颜色之间的平衡。如果要精细地调节图像颜色则要用色阶或曲线命令进行调节。选择【图像】|【调整】|【色彩平衡】命令,或按 Ctrl+B 键,可打开【色彩平衡】对话框,如图 6-19 所示。对话框中各选项含义如下。

(1) 色彩平衡:【色彩平衡】对话框中有 3 个滑块可以调节,或是在色阶中输入-100～+100 之间的数值,拖动滑块到所需颜色一侧可增加这种颜色。如要减少图像中的青色,则拖动第一个滑块向红色方向拖动,因青色和红色为互补色,因此减少青色就是增加红色,如图 6-20 所示。

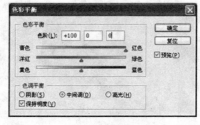

(a) 原图像   (b) 设置参数   (c) 调节后的图像

图 6-20 【色彩平衡】调节图像

(2)色调平衡:分别单击【阴影】、【中间调】和【高光】单选按钮,就可以选择要重点更改的色调范围。选择【保持明度】选项,在调节图像色彩平衡时,可以保持图像的亮度值不变。

6.3.3 照片滤镜

【照片滤镜】命令是类似传统相机滤镜,在镜头前加一个有色镜片,将图像调整为冷、暖色调,从而获得特殊效果。同时可以选择色彩设置,对图像应用的色相进行调节。

选择【图像】|【调整】|【照片滤镜】命令,可打开【照片滤镜】对话框,如图 6-21 所示。

对话框中各选项含义如下。

(1)滤镜:选择该单选按钮后,可供选择各种滤色片,用来调节图像中白平衡的色彩转换或是较小幅度调节图像色彩质量的光线平衡。

(2)颜色:选择该单选按钮后,可在【选择路径颜色】拾色器中选择指定滤色片的颜色。

(3)浓度:用滑块或数值来调节应用到图像上的色彩的浓度数量,数值越大,色彩越接近饱和。

(4)保留明度:调整图像颜色的同时保持图像的亮度不变。

图 6-21 【照片滤镜】对话框

应用各种滤镜得到图像的各种效果,如图 6-22 所示。

6.3.4 通道混合器

【通道混合器】命令是通过调整当前颜色通道中的像素和其他颜色来创造一些其他颜色,从而达到调节颜色的目的。可以通过这种方式来调节灰度图像或创建单一色调图像等。

(a) 原图像   (b) 调节后图像   (c) 调节后图像

图 6-22 使用【照片滤镜】得到各种滤镜效果

选择【图像】|【调整】|【通道混合器】命令,可打开【通道混合器】对话框,如图 6-23 所示。对话框中各选项含义如下。

(1) 预设:系统预先保存的调整数据。

(2) 输出通道:用来设置要调节的颜色通道,并在其中混合一个或多个现有通道。不同颜色模式有不同的通道选项。如 RGB 模式下,列表中则是红色、绿色和蓝色的通道,每个通道的调节区域为$-200\sim+200$。

(3) 常数:用来增加该通道的互补色成分,负值为增加该通道的互补色,正值为减少该通道的互补色。

(4) 单色:选择此复选框,可将彩色图像变成灰度图像,但是色彩模式不发生变化。

图 6-23 【通道混合器】对话框

(a) 原图像

(b) 调节后的图像

图 6-24 【通道混合器】调节图像

例 6.2 将素材图像文件"通道混合器图片.jpg"中的汽车颜色由红色转变为绿色,如图 6-24 所示。

操作步骤如下。

(1) 选择【文件】|【打开】命令,分别打开素材文件"通道混合器图片.jpg",如图 6-24(a)所示。

（2）选择【图像】|【调整】|【通道混合器】命令，可打开【通道混合器】对话框，如图6-23所示。

（3）按图6-23所示设置参数。设置完毕后单击【确定】按钮，效果如图6-24（b）所示。

6.3.5　反相

【反相】命令可以将图像中的颜色反转，一个正片黑白图像变成负片，也可以将扫描的黑白负片变为一个正片。

反相图像时，通道中每个像素的亮度值转换为256级颜色值刻度上相反的值。反相还可以单独对层、通道、选取范围或是整个图像进行调整。选择【图像】|【调整】|【反相】命令，或按Ctrl＋I键。执行反相后效果如图6-25所示。

(a) 原图像　　　　　　　　　　　(b) 调节后的图像

图 6-25　使用【反相】调整图像

6.3.6　色调分离

【色调分离】命令可以指定图像的色阶级数，并根据图像的像素反映为最接近的颜色，色阶数越大则颜色变化越细腻，但效果则不明显。反之，图像变化越剧烈。

而在图像中创建特殊效果时，此命令可以减少灰度图像中的灰色色阶数，使效果变得很明显。

选择【图像】|【调整】|【色调分离】命令，可打开【色调分离】对话框，色阶数为4时，效果如图6-26所示。

(a) 原图像　　　　　　　　　　　(b) 色阶为4,调节后的图像

图 6-26　使用【色调分离】调整图像

6.3.7　阈值

【阈值】命令是将灰度图像或彩色图像转变为高对比度的黑白图像。可以指定具体的阈值，其变化范围是 1～255 之间。图像中亮度值比阈值小的像素边为黑色，亮度值比阈值大的像素边为白色。

选择【图像】|【调整】|【阈值】命令，可打开【阈值】对话框，如图 6-27 所示。对话框中选项含义如下。

阈值色阶：用来设置黑色和白色分界数值，数值越大，黑色越多；数值越小，白色越多。使用滑块或在文本框中输入数值进行调节，不同阈值的效果如图 6-28 所示。

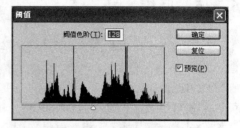

图 6-27　【阈值】对话框

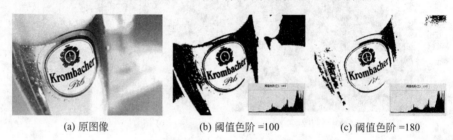

(a) 原图像　　　　　　(b) 阈值色阶 =100　　　　　　(c) 阈值色阶 =180

图 6-28　【阈值】调整图像

6.3.8　渐变映射

【渐变映射】命令的主要功能就是将系统默认的渐变方式作用于图像中，通过图像中的灰度范围来使用渐变的方式填充图像，产生各种不同的渐变特殊效果。

选择【图像】|【调整】|【渐变映射】命令，可打开【渐变映射】对话框，如图 6-29 所示。对话框中各选项的含义如下。

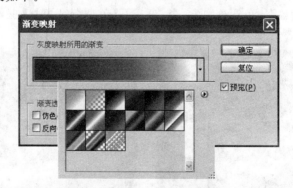

图 6-29　【渐变映射】对话框

（1）灰度映射所用的渐变：单击灰度映射右侧的下拉按钮，从渐变列表中选择所需要的渐变类型，作为映射的渐变色。结果图像的暗调、中间调和亮调会分别映射到渐变填充的起始、中点和结束颜色。单击【灰度映射所用的渐变】颜色条，可显示如图 6-30 所示的【渐变编辑器】窗口。调整前、后的图像如图 6-31 所示。

图 6-30　【渐变编辑器】窗口

(a) 原图像　　　　　　(b) 调节后图像　　　　　　(c) 反向后图像

图 6-31　【渐变映射】中反向效果

（2）仿色：在渐变色阶后的图像上添加些杂色，让图像更加细致。

（3）反向：将渐变填充的方向进行切换为反向渐变，呈现负片的效果，如图 6-31（c）所示。

6.3.9　可选颜色

【可选颜色】命令是用来校正颜色的平衡，主要针对 RGB、CMYK、黑、白和灰等主要颜色的调节。可以选择性地在图像某一主色调成分中增加或减少印刷颜色的含量，而不影响该印刷色在其他主色调中的表现,最终达到对图像的颜色进行校正。如可以通过可选颜色中减少图像红色像素中青色部分,同时保留其他颜色中的青色部分不变。

选择【图像】|【调整】|【可选颜色】命令,可打开【可选颜色】对话框,如图6-32所示。【可选颜色】对话框中各选项含义如下。

（1）颜色：从下拉列表中选择所要调节的主色,然后分别拖动对话框中的4个滑块进行调节,滑块的变化范围是－100％～＋100％。

（2）方法：用来决定色彩值的调节方式。按照原来CMYK值的百分比来计算。

图6-32 【可选颜色】对话框

- 相对：选中该单选按钮,可按颜色总量的百分比调整当前的青色、洋红、黄色和黑色的量。如图像中洋红含量为50％,在选择【相对】选项下增加10％,则将有5％添加到洋红中,结果图像中洋红的含量为：$50\% \times 10\% + 50\% = 55\%$。
- 绝对：选中该单选按钮,当前的青色、洋红、黄色和黑色的量采用绝对调整。如图像中洋红的含量为50％,增加10％,则图像中洋红的含量为：$50\% + 10\% = 60\%$。

运用【可选颜色】命令调节图像时,可改变某一通道中的一种颜色,可保留其他通道中的同一种颜色。例如使用【可选颜色】命令调节图像的洋红颜色,如图6-32所示,图像处理前后的效果如图6-33所示。

(a) 原图像　　　　　　　(b) 替换颜色后的图像

图6-33 【可选颜色】调节图像

6.3.10 去色

【去色】命令就是可以将图像中所有色彩去除,类似于将彩色图像转换为相同颜色模式下的灰度图像。将RGB图像中的每个像素指定相等的红色、绿色和蓝色,使图像表现为灰度且亮度不变。此命令相当于【色相/饱和度】命令中饱和度设置为－100的效果。

【去色】命令最大的优点是作用的调节对象可以是选取范围或图层,如果是多个图层,可以只选择所需要作用的图层进行调节,并且不改变图像的颜色模式,如图6-34所示。

———————————— Photoshop CS4 图形图像处理教程

| (a) 原图像 | (b) 被选取区域 | (c) 调节后的图像 |

图 6-34　使用【去色】功能调节选取部分图像

6.3.11　匹配颜色

　　【匹配颜色】命令是 Photoshop CS4 中一个比较智能的颜色调节功能。可以匹配多个图像、图层或选区的亮度、色相和饱和度，使它们保持一致，但该命令只可以在 RGB 模式下使用。选择【图像】|【调整】|【匹配颜色】命令，可打开【匹配颜色】对话框，如图 6-35 所示。对话框中各选项含义如下。

图 6-35　【匹配颜色】对话框

　　(1) 目标图像：当前打开的图像，其中【应用调整时忽略选区】复选框需在目标图像中创建选区后才可以勾选。勾选后，图像中所创建的选区将被忽略，即整个图像将被调整，而不调整选区中的图像部分。

　　(2) 图像选项：调整被匹配图像的选项。

- 明亮度：移动滑块，可以调整当前图像的亮度。当数值为 100 时，目标图像与源图像有一样的亮度。当数值变小时图像变暗；反之，图像变亮。
- 颜色强度：移动滑块，可以调整图像中色彩的饱和度。
- 渐隐：移动滑块，可以控制应用图像的调整强度。
- 中和：勾选此复选框，可以自动消除目标图像中的色彩偏差，使匹配图像更加柔和。

（3）图像统计：设置匹配与被匹配的选项。

- 使用源选区计算颜色：需在目标图像中创建选区才可以勾选。勾选后，使用该选区中的颜色计算调整度，否则将用整个原图像来进行匹配。
- 使用目标选区计算调整：需在目标图像中创建选区才可以勾选。勾选后，只有选区内的目标图像参与计算颜色匹配。
- 源：可以在下拉列表中选择用来与目标图像颜色匹配的原图像。
- 图层：可以在下拉列表中选择原图像中匹配颜色的图层。
- 载入/存储统计数据：用来载入和保存已设置的文件。

例 6.3　将素材图像文件"悉尼歌剧院.jpg"图像转变为傍晚彩霞的景象效果，如图 6-36 所示。

（a）原图像悉尼歌剧院　　　　（b）彩霞颜色匹配图像　　　　（c）匹配颜色后的图像

图 6-36　【匹配颜色】效果组图

操作步骤如下：

（1）选择【文件】|【打开】命令，分别打开素材文件"悉尼歌剧院.jpg"和"匹配颜色图片.jpg"，如图 6-36（a）、（b）所示。

（2）切换到"悉尼歌剧院.jpg"的工作窗口，选择【图像】|【调整】|【匹配颜色】命令，可打开【匹配颜色】对话框，在【源】下拉列表中选择原图像为"匹配颜色图片.jpg"，如图 6-35 所示。

（3）设置完毕后单击【确定】按钮，效果如图 6-36（c）所示。

6.3.12　替换颜色

【替换颜色】命令可以在图像中选择要替换颜色的图像范围，用其他颜色替换掉所选择的颜色。同时还可设置所替换颜色区域内图像的色相、饱和度和亮度。相当于结合【颜色范围】和【色相/饱和度】命令来调整颜色。

选择【图像】|【调整】|【替换颜色】命令，可打开【替换颜色】对话框，如图 6-37 所示。

对话框中各选项含义如下。

（1）本地化颜色簇：勾选此复选框时，设置替换范围会被集中在选取点的周围。

（2）颜色容差：用来设置被替换的颜色的选取范

图 6-37　【替换颜色】对话框

围。数值越大,颜色选取范围就越广;反之,颜色选取范围就越窄。

(3) 选取吸管:用吸管工具可以单击图像中要选择的颜色区域,并且可以通过对话框中的预览图像点选相关的像素,带"+"的吸管为增加选区,带"-"的吸管为减少选区。

(4) 选区/图像:用来切换图像的预览方式。勾选【选区】选项时,图像为黑白效果,表示选取的区域,如图 6-37 所示。勾选【图像】选项时,图像为彩色效果,可以用来将调整颜色与原图像作比较。

(5) 替换:用来对选取的区域进行颜色调整,通过调整色相、饱和度和明度来更改所选的颜色,也可以单击【结果】按钮,在【选择目标颜色】的拾色器中选择替换的颜色,单击【确定】按钮,便可完成颜色替换,如图 6-38 所示。

(a) 原图像　　　　　　　(b) 替换颜色后的图像

图 6-38　【替换颜色】调节图像

6.3.13　色调均化

【色调均化】命令是重新分布图像中像素的亮度值,使它们更加平均地呈现所有范围的亮度级别。执行此命令后,Photoshop CS4 会将复合图像中最亮的表示为白色,最暗的表示为黑色,将亮度值进行均化,让其他颜色平均分布到所有色阶上。

如果在图像上存在选区,选择【图像】|【调整】|【色调均化】命令,可以打开【色调均化】对话框,对话框中各选项的含义如下。

(1) 仅色调均化所选区域:勾选该单选项,只对选区内的图像进行色调均化调整。

(2) 基于所选区域色调均化整个图像:勾选该单选项,可以根据选区内像素的明暗来调整整个图像。

如果图像上没有选区,选择【图像】|【调整】|【色调均化】命令,执行【色调均化】命令后的效果如图 6-39 所示。

(a) 原图像　　　　　　　(b) 调节后的图像

图 6-39　使用【色调均化】调整图像

6.4 本章小结

    本章主要介绍了 Photoshop CS4 中关于图像颜色的基本概念和基础知识,着重介绍了图像的各种颜色的模式、图像的色调与色彩调整的方法。

    色调与色彩是一种视觉信息,在图像处理中占有重要的位置,色调与色彩调整是否正确,直接影响着图像处理得成功与否。在本章中着重介绍了用色阶、曲线、亮度与对比度命令以及自动调整命令调整图像色调的方法。还介绍了色相和饱和度、色彩的平衡、匹配颜色、替换颜色等色彩的调整方法。

    本章的色调与色彩操作重点较多,很多操作必须反复操练、不断揣摩、认真思考、归纳总结、举一反三,这样才能创作出色彩色调合理的、美的图像。

第 7 章　图层及其应用

本章学习重点：

- 了解图层的概念；
- 掌握【图层】调板和图层的基本操作；
- 掌握图层的图像混合和图层样式的应用；
- 了解智能对象及其应用。

7.1　图层和图层调板

图层是 Photoshop CS4 图像处理中使用最频繁，也是最为重要的功能之一。图层的应用为计算机的图像处理带来了比较广阔的空间，可以自由地尝试各种各样的图像组合和合成效果，并且可方便快捷地对图像进行修改和重组，让许多现实中无法实现的效果都通过Photoshop CS4 来完成。

7.1.1　图层的概念

图层的概念可以通过现实绘图过程中的透明胶片来理解。在绘图中设计者为了更便于改变整体图像的效果，将图像中的各个要素分别绘制在不同的透明胶片上，通过透明胶片的透明特性，可以从上层看到下层胶片，用透明胶片的这种叠加来灵活地制作图像的整体的效果。而这种方式就是图层的工作方式，图层则类似于透明胶片，应用灵活且修改方便。可以通过图层的顺序叠加来看到整个图像的结构和效果，如图 7-1 所示。

从图中可以观察到图层就是按照排列顺序由上而下进行的叠加，并且透明的方式可以让层与层之间更加清晰和操作方便。

7.1.2　图层调板

对图像的编辑大部分的操作都要在【图层】调板中完成，因此它成为图层操作的主要场所，【图层】调板可以用来选择图层、新建图层、删除图层、隐藏图层等。

(a) 图层的原始效果　　　　(b) 图层的分解叠加效果

图 7-1　图层示意效果

选择【窗口】|【图层】命令，或按 F7 键，即可打开【图层】调板，如图 7-2 所示。【图层】调板中各选项的含义将在后面的章节中详细介绍，部分图标和图层的含义如下。

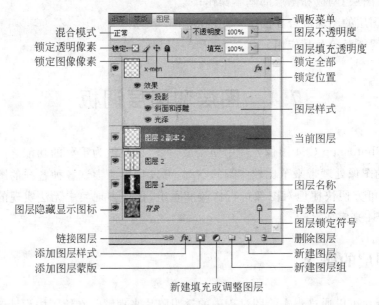

图 7-2　【图层】调板

（1）眼睛图标：用来显示和隐藏图层。当图标显示为 👁 时，表示当前图层处于显示状态；当图标不显示 👁 时，则表示当前图层处于隐藏状态，任何图像编辑对此层不产生影响。单击眼睛图标 👁 可以随时切换显示和隐藏状态。

（2）图层名称：为了识别方便，每个图层都可以定义一个名称来区分。默认名称为"图层 1、图层 2……"，双击图层名称可以更改图层的名称。

（3）当前图层：在【图层】调板中加色显示的图层就是当前图层。一幅图像只有一个当前图层，通常编辑也只对当前图层有效。在【图层】调板中单击任意一个图层，该图层就变为当前图层。

（4）链接图层：有链接图标的图层为链接图层，它们之间有互相链接的关系，作用图层移动、旋转或变换操作时，链接图层也随之变化。如单独操作独立图层就要先解除链接。

7.1.3　图层的类型

图层的功能强大,同时类型也比较丰富,在 Photoshop CS4 中可以创建各种各样的图层;例如背景图层、蒙版图层、文字图层等。而各种图层的使用方法和创建过程都不相同,且有些图层之间还可以相互转换,可方便和快捷地为图像的编辑做贡献。

1. 背景图层

背景图层位于所有图层的最下方,是不透明的图层。背景图层不可以随意移动和改变图层叠加的次序,不能改变色彩模式和不透明度,如图 7-3 所示。

但背景图层和普通图层可以相互转换。双击背景图层,弹出【新建图层】对话框,单击【确定】按钮即可使背景图层转为普通图层,如图 7-4 所示。

图 7-3　背景图层

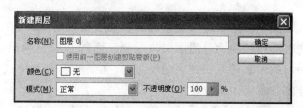

图 7-4　新建图层

如果图像没有背景图层,那也可以指定一个普通图层为背景图层。选择好要指定的普通图层设为当前图层,选择【图层】|【新建】|【背景图层】命令,即可使该当前的普通图层转为背景图层。

2. 普通图层

普通图层是在图层中应用最多、最频繁的图层。使用【图层】|【新建】命令,或按 Ctrl+Shift+N 键,或直接在【图层】调板下方单击 按钮,即可创建普通图层。

新建的普通图层通常是透明的,在把背景层隐藏后看到图层显示为灰白色方格,表示为透明区域,如图 7-5 所示。可以通过工具和菜单中的各种图像编辑命令在普通图层上进行编辑和使用。

图 7-5　普通图层

3. 文字图层

文字图层是通过使用【文字工具】而产生的一种特殊图层。在使用【文字工具】时，系统会自动创建该图层，文字的输入内容就是图层的名称，并且在文字图层前方的缩略图中有一个**T**文字工具的标记，而单击图像上的该文字或双击文字图层均可进入文字的编辑状态，如图 7-6 所示。

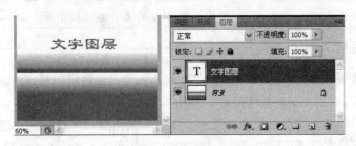

图 7-6　文字图层

文字图层是含有文字内容和文字格式信息的图层，在编辑该图层的效果时有时需要将文字图层转换为普通图层来编辑。系统会强制弹出信息框，如图 7-7 所示。但转为普通图层后就无法还原成文字图层了，且文字的内容和格式也无法进行修改了。所以在转换前最好复制图层做备份使用。

也可选择【图层】|【栅格化】|【文字】命令，把当前的文字图层转换为普通图层。

4. 形状图层

形状图层是使用工具箱中的形状工具在图像中创建各种图形后，【图层】调板中自动建立的图层，在图层前面缩略图的右侧是图层的矢量蒙版缩略图，如图 7-8 所示。

图 7-7　栅格化提示信息框

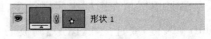

图 7-8　形状图层

5. 样式图层

样式图层可以在图层中添加各种图层样式的效果，此图层的特征为右侧显示 💧 标记。单击【图层】调板下方的按钮 □，或双击当前要创建的图层，即可创建样式图层，如图 7-9 所示。具体的样式效果请参见本章第 5 节。

6. 蒙版图层

蒙版图层是图像处理合成的一个重要方法，图层蒙版中的颜色控制着图层中相应图像的透明方式，在蒙版图层缩略图右侧会显示一个黑白的蒙版图像，如图 7-10 所示。具体的蒙版内容请参见第 8 章。

图 7-9　样式图层

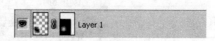

图 7-10　蒙版图层

7. 填充与调整图层

填充和调整图层中,填充图层填充的内容可以是纯色、渐变色或图案,并且可以自动添加图层蒙版来控制填充的可见和隐藏性。而调整图层可以改变其图层的色相、饱和度、对比度,并且可以随意对调整图层进行修改。单击【图层】调板下方的 按钮来添加填充图层,如图 7-11 和图 7-12 所示。

8. 链接图层

链接图层是图层间建立相互链接的关系,对其中一个图层进行移动、变换时,所共同链接的其他图层也会受其影响。在【图层】调板中按住 Ctrl 键单击鼠标,将希望链接的图层全部选中,然后单击【图层】调板下方的 按钮来创建链接图层,如图 7-13 所示。

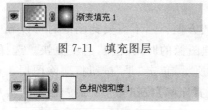

图 7-11　填充图层

图 7-12　调整图层

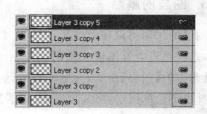

图 7-13　链接图层

7.2　图层的基本操作

【图层】调板和图层菜单的操作成为完成图层操作的重要工具。图层的复制、删除、锁定、链接等各种动作和操作都要通过它们来实现或完成。

7.2.1　图层的创建、复制和删除

1. 图层的创建

在 Photoshop CS4 中有很多种方法创建新的图层,可以选择【图层】|【新建】|【图层】命令,在【新建图层】对话框中新建图层,如图 7-14 所示。也可以单击图层调板下方的【新建图

层】按钮 ,可在图层调板中直接加入一个新的图层。按住 Alt 键不放,单击【图层】调板下方的【新建图层】按钮,或按 Ctrl+Shift+N 键,系统显示【新建图层】对话框,设置参数后,单击【确定】按钮即可得到新图层。

图 7-14　【新建图层】对话框

在有选区的情况下,可选择【图层】|【新建】|【通过拷贝的图层】或【通过剪切的图层】命令把选区的图像复制或剪切到新的图层中。

注意:新创建的图层在默认情况下都位于当前图层的上方,并自动变为当前图层。按 Ctrl 键的同时单击新建图层按钮,则可在当前图层的下方创建新图层。

2. 图层的复制

在图层操作中,复制图层是必不可少的操作之一。选择【图层】|【复制图层】命令,会弹出【复制图层】对话框,如图 7-15 所示。或者在【图层】调板中拖动图层到【新建图层】按钮上,即可获得当前图层的复制图层。也可以按 Ctrl+J 键来复制图层。

3. 图层的删除

图层的留用可以自由选择,因此这个功能也比较方便。当不需要此图层时可以删除该图层,这样可以降低图像文件的大小,让操作和处理图像的时间更短、速度更快。选择【图层】|【删除】|【图层】命令,会显示提示框,如图 7-16 所示,单击"是"按钮将删除图层。也可以选择要删除的图层,将其拖曳至【图层】调板下方的【删除】按钮 上,或按住 Alt 键,单击删除按钮 来快速删除图层。

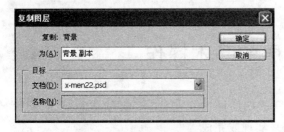

图 7-15　【复制图层】对话框

图 7-16　删除图层提示框

7.2.2　图层的锁定和顺序调整

1. 图层锁定

为了让图层更好地发挥作用,防止图层的内容在误操作中受到破坏,可以应用图层的锁定功能来限制图层编辑的内容和范围。【图层】调板中各锁定按钮的意义如下。

(1) 锁定透明像素：选择图层后，按下【锁定透明像素】按钮 ⊠，则图像中透明部分被锁定，只能编辑和修改不透明区域的图像。

(2) 锁定图像像素：选择图层后，按下【锁定图像像素】按钮 ✐，则不论是透明区域和非透明区域都被锁定，无法进行编辑和修改，但对背景层无效。

(3) 锁定位置：选择图层后，按下【锁定位置】按钮 ✛，图像则不能执行移动、旋转和自由变形等操作，其他的绘图和编辑工具可以继续使用。

(4) 锁定全部：选择图层后，按下【锁定全部】按钮 🔒，则图层全部被锁定，也就是不可以执行任何图像编辑的操作。

2. 图层顺序调整

在图像中，图层的叠放顺序会直接影响到图像的效果。叠放在最上方的不透明图层总是将下方的图层遮掉。如图 7-17 所示，【文字】图层在最上方时的效果和【线条】图层在最上方的效果有很大不同。可以选择【图层】|【排列】命令，从弹出菜单中选择所需要调整的顺序位置，或使用鼠标直接在【图层】调板中拖曳来改变图层的叠放顺序。

(a) 文字层在顶部的效果图

(b) 线条层在顶部的效果图

图 7-17　图层不同的叠放顺序效果不同

7.2.3　图层的链接与合并

在编辑图像时，为了操作方便常常会对图层作链接和合并的操作，本节将介绍这两种操作。

1. 图层的链接

图层的链接可以帮助多个图层或图层组同时进行位置、大小等的调整，可以增加图像编辑的速度。

(1) 建立图层链接：在【图层】调板中，按住 Ctrl 键，单击要链接的图层，将要链接的所有图层或图层组全部选中，在【图层】调板下方单击链接按钮 ⊂⊃，则可以把所需的图层或图层组全部链接起来,如图 7-18(a)所示。所有建立好的链接图层,在图层的旁边有一个链接图标 ,表示图层链接成功,在进行图层的移动、变形和创建各种效果和蒙版时,链接图层仍是链接状态。

(a) 设置图层链接   (b) 取消图层链接

图 7-18　设置与取消图层链接示意图

(2) 取消图层链接:如果要取消链接,可以选择链接图层,单击链接图标;或按住 Shift 键,在【图层】调板中单击【图层链接】图标 ,链接图标上会出现红色的×符号,如图 7-18(b)所示。

2. 图层的合并

在 Photoshop CS4 中图层的编辑和操作虽然很方便,并且图层没有数量的限制,但一幅图像中图层数量越多,图像文件也就越大,同时计算机的运行速度也就越慢。因此为了让图像的容量减小,可以合并一些不需要进行修改的图层。

可以选择【图层】|【向下合并】命令,或者选择【图层】|【合并可见图层】,或者选择【图层】|【拼合图像】命令,来达到合并图层的目的。

(1) 向下合并图层:在保证两个图层都为可见的状态下,当前图层与下一图层进行合并,不影响其他图层,可以用菜单命令也可以按 Ctrl+E 键完成合并,如图 7-19 所示。

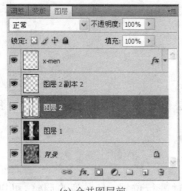
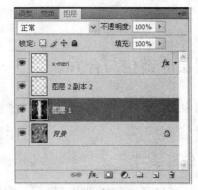

(a) 合并图层前   (b) 合并图层后

图 7-19　向下合并图层

(2) 合并可见图层:所有图像中可见的图层全部被合并,即所有显示眼睛图标的图层都被合并。可以用菜单命令也可以按 Shift＋Ctrl＋E 键完成合并，如图 7-20 所示。

(a) 合并可见图层前　　　　　　　　　　(b) 合并可见图层后

图 7-20　合并可见图层

　　（3）拼合图像：合并图像中所有的图层。如果有隐藏图层，系统会弹出提示框，单击【确定】按钮，隐藏图层将被删除，单击【取消】按钮则取消合并的操作，如图 7-21 所示。

(a) 拼合图像前　　　　　　　　　　(b) 拼合图像后

图 7-21　拼合图像

7.2.4　链接图层的对齐与分布

　　在编辑图像时，多个图层经常要进行对齐与排列的操作，要先将对齐和排列的图层全部链接起来再进行对齐与分布，【对齐】与【分布】子菜单如图 7-22 所示。

(a)【对齐】子菜单　　　　　　　　　　(b)【分布】子菜单

图 7-22　链接图层的【对齐】与【分布】子菜单

1. 链接图层的对齐

要对齐链接的图层,要先确保有两个或两个以上的链接图层,然后通过对齐操作,可将链接图层向上、向下、居左或居右等对齐。

选择【图层】|【对齐】命令,子菜单中有各种相应的对齐操作,如图 7-22(a)所示。

在图 7-23 所示的原图像中有 3 个已建立链接的图层,选择【对齐】子菜单【顶边】、【左边】命令后的对齐效果如图 7-24 所示。

图 7-23　原图像中的三个链接图层

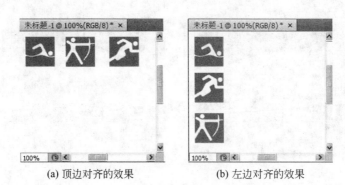

(a) 顶边对齐的效果　　　　　　　(b) 左边对齐的效果

图 7-24　链接图层的对齐效果

2. 链接图层的分布

要分布链接的图层,要先确保有 3 个或 3 个以上的链接图层,然后通过分布操作,可将链接图层均匀间隔重新分布。选择【图层】|【分布】命令,子菜单中有各种相应的分布操作,如图 7-22(b)所示。选择【分布】子菜单的各种分布命令,可以完成各种图层分布的效果。

7.2.5　图层的编组与取消编组

在 Photoshop CS4 中,当图层比较多的情况下,可以将多个图层进行编组,以方便管理,图层组中的图层可以被统一进行移动或变换,也可以单独进行编辑。

使用【图层】|【图层编组】命令,或按 Ctrl＋G 键,或按 Alt 键同时单击【图层】调板底部的【编组】按钮，如图 7-25 所示。

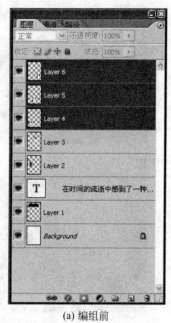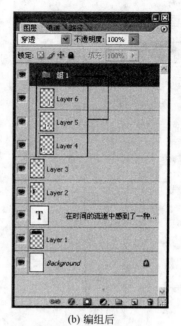

(a) 编组前　　　　　　　　　(b) 编组后

图 7-25　图层编组

编好组的图层也可以进行取消编组的操作,选择【图层】|【取消图层编组】命令,或按 Shift＋Ctrl＋G 键即可。

7.3　图层的混合模式和不透明度

在 Photoshop CS4 中色彩合成的模式是十分重要的一个环节,可以通过当前图层中的像素与下面图层中的像素相混合而产生意想不到的合成效果,使各图层之间完美地融合在一起。

7.3.1　图层的混合模式

图层的混合模式是运用当前选定的图层与其下面的图层进行像素的混合计算,因为有各种不同的混合模式,产生的图层合成效果也就各不相同,在【图层】调板中单击【图层的混合模式】右边的下拉按钮,显示的下拉菜单如图 7-26 所示。

技巧:在图层的混合模式中,按住 Shift 键的同时,按“＋”或“－”键可以快速地切换当前图层的混合模式。

打开素材文件夹中的图像文件 pic1.jpg 和 pic2.jpg,如图 7-27 所示。将图像 pic2.jpg 复制到 pic1.jpg 中,使 pic1.jpg 在下面,pic2.jpg 在上面,用各种不同的图层的混合模式对这两个图像进行处理,各种模式的含义如下。

(a) 在下面图层的 pic1.jpg

(b) 在上面图层的 pic2.jpg

图 7-26　图层色彩的混合模式　　　　图 7-27　两张叠放在上下图层中的图像

1. 正常模式

在 Photoshop CS4 中,正常模式为默认模式,而这种模式上、下图层保持互不发生作用的关系,上面的图层覆盖下面的图层,当不透明度变为 100% 以下时,才会根据数值来慢慢显示下面的图层内容。不同透明度的效果如图 7-28 所示。

(a) 正常模式,不透明度为 100%　　(b) 正常模式,不透明度为 70%　　(c) 正常模式,不透明度为 30%

图 7-28　正常模式下不同透明度的效果图

2. 溶解模式

溶解模式是在上方图层为半透明状态时,结果图像中的像素由上层图像中的像素和下一图层的图像中的像素随机替换为溶解颗粒的效果。不透明度越低产生的效果就越明显,如图 7-29(a)所示。

3. 变暗模式

变暗模式是将上下两个图层中较暗的像素代替较亮的像素,混合后图像只保留两个图

(a) 溶解模式，不透明度为 70%　(b) 变暗模式，不透明度为 70%　(c) 正片叠底模式，不透明度为 70%

图 7-29　溶解、变暗和正片叠底模式示意图

层中颜色较暗的部分，因此最终叠加的效果是整个图像呈暗色调，如图 7-29(b) 所示。

4. 正片叠底模式

正片叠底的模式可以查看每个通道的颜色信息，将两个图层的颜色值相乘，然后再除以 255 所得到的结果。使用此模式的效果比原图像的颜色深，如图 7-29(c) 所示。在正片叠底的模式下，任何颜色与黑色融合仍然是黑色，与白色融合则保持原来的效果不变。

5. 颜色加深模式

此模式将对图层每个通道的信息进行计算，下层图像依据上层图像的灰度程度变暗再与上层图层的融合，通过增加对比度加深图像的颜色，如图 7-30(a) 所示。

(a) 颜色加深模式，不透明度为 70%　(b) 线性加深模式，不透明度为 70%　(c) 深色模式，不透明度为 70%

图 7-30　颜色加深、线性加深和深色模式示意图

6. 线性加深模式

此模式与颜色加深模式很相似，将对图层每个通道的信息进行计算，加暗下层图像的像素，提高上层图像的颜色亮度来衬托混合颜色，如图 7-30(b) 所示。

7. 深色模式

两个图层混合后，通过上层图像中较亮的区域被下层图像替换来显示结果，如图 7-30(c) 所示。

8. 变亮模式

此模式是选择上、下两个图层较亮的颜色作为结果图像的颜色，比上层图像中暗的像素被替换，比上层图像中亮的像素保持不变，如图 7-31(a) 所示。

(a) 变亮模式, 不透明度为 70%　　(b) 滤色模式, 不透明度为 70%　　(c) 颜色减淡模式, 不透明度为 70%

图 7-31　变亮、滤色和颜色减淡模式示意图

9. 滤色模式

滤色模式又叫屏幕模式, 与正片叠底相反。将上、下两个图层的颜色结合起来, 然后产生比两种颜色都浅的结果。使用此模式的效果比原图像的颜色更浅, 具有漂白的效果, 如图 7-31(b)所示。

10. 颜色减淡模式

此模式通过计算每个颜色通道的颜色信息, 调整对比度而使下层像素颜色变亮来反映上层像素颜色。如果上层是黑色, 那么混合时是没有变化的, 如图 7-31(c)所示。

11. 线性减淡模式

此模式通过计算每个颜色通道的颜色信息, 增加下层图像亮度来反映上层图像的颜色。如果上层是黑色, 那么混合时是没有变化的, 如图 7-32(a)所示。

(a) 线性减淡模式, 不透明度为 70%　　(b) 浅色模式, 不透明度为 70%　　(c) 叠加模式, 不透明度为 70%

图 7-32　线性减淡、浅色和叠加模式示意图

12. 浅色模式

上、下两个图层混合后, 上层图像中较暗的区域被下层图像替换, 从而显示结果图像的像素, 效果与变亮模式相似, 如图 7-32(b)所示。

13. 叠加模式

此模式将上一层图像颜色与下一层图像颜色进行叠加, 保留高光和阴影部分。下一层图像比上层图像暗的颜色会加深, 比上层图像亮的颜色将会被遮盖, 如图 7-32(c)所示。

14. 柔光模式

此模式可以产生柔光效果,可根据上层颜色的明暗程度来决定颜色变亮还是变暗。当上层图像颜色比下层图像颜色亮,结果图像则变亮;当上层图像颜色比下层图像颜色暗,结果图像则变暗,如图 7-33(a)所示。

(a) 柔光模式,不透明度为70%　　(b) 强光模式,不透明度为70%　　(c) 亮光模式,不透明度为70%

图 7-33　柔光、强光和亮光模式示意图

15. 强光模式

此模式与柔光类似,但效果比柔光更加强烈,有点类似于聚光灯投射在物体上的效果,如图 7-33(b)所示。

16. 亮光模式

此模式通过增加或减少对比度来加深和减淡颜色。如果上层图像颜色比 50% 灰度亮,则通过降低对比度来加亮图像,反之,则加深图像,如图 7-33(c)所示。

17. 线性光模式

此模式根据上层图像颜色增加或减少亮度来加深或减淡颜色。如果上层图像颜色比 50% 的灰度亮,则结果图像将增加亮度。反之,则图像将变暗,如图 7-34(a)所示。

(a) 线性光模式,不透明度为70%　　(b) 点光模式,不透明度为70%　　(c) 实色混合模式,不透明度为70%

图 7-34　线性光、点光和实色混合模式示意图

18. 点光模式

此模式根据上层图像颜色来替换颜色。如果上层图像颜色比 50% 的灰色亮,那么就会替换比上层图像暗的像素,而不改变比上层图像亮的像素。反之,如果上层图像颜色比 50% 的灰色暗,则替换比上层图像亮的像素,而不改变比上层图像暗的像素,如图 7-34(b)

所示。

19. 实色混合模式

选用实色混合模式,上层图像会和下一层图像中的颜色进行颜色混合,取消了中间色的效果,如图 7-34(c)所示。

20. 差值模式

此模式是一种比较的混合模式,上层图层颜色与下层图层颜色的亮度值互减,取值时以亮度较高的颜色减去亮度较低的颜色。较暗的像素被较亮的像素取代,而较亮的像素不变,如图 7-35(a)所示。

(a) 差值模式,不透明度为 70% (b) 排除模式,不透明度为 70% (c) 色相模式,不透明度为 70%

图 7-35 差值、排除和色相模式示意图

21. 排除模式

与差值模式很相似,但是具有高对比度和低饱和度,效果比较柔和,如图 7-35(b)所示。

22. 色相模式

用上层图像的色相值和下层图像的亮度、饱和度来创建结果图像的颜色,如图 7-35(c)所示。

23. 饱和度模式

使用下层图像的亮度、色相和上层图像的饱和度来做混合,若上方图层图像的饱和度为零,则图像没有变化,如图 7-36(a)所示。

(a) 饱和度模式,不透明度为 70% (b) 颜色模式,不透明度为 70% (c) 明度模式,不透明度为 70%

图 7-36 饱和度、颜色和明度模式示意图

24. 颜色模式

使用上层图像的饱和度和色相进行着色,下层图像的亮度保持不变,颜色模式可以看成饱和度模式和色相模式的综合效果,如图 7-36(b)所示。

25. 明度模式

使用上层图像的明度来着色,下层图像的饱和度和色相保持不变,用下层图像的饱和度和色相与上层图像的明度创建新图像,如图 7-36(c)所示。

7.3.2 图层的不透明度

调整图层的不透明度可以让图像变得更加富有层次感,让画面更加生动。更改图层的不透明度就是更改图层的透明性。原本上方图层完全覆盖下方图层,在调整透明度后,当色彩变为半透明时会露出底部的颜色,不同程度的不透明度可以产生不同的效果,如图 7-37所示。

(a) 原图像　　　　　　　　　(b) 降低不透明度后效果

图 7-37　图层不透明度效果

7.4　图层的变换

在对图像进行编辑时,经常需要进行各种对象变形处理,而图层的变形是不可缺少的操作。通过变形命令可以将图层、通道、图层蒙版、路径及选取范围内的图像进行变形,图层变形操作十分方便。

7.4.1　图层的变换操作

选择图像中要进行变形操作的图层作为要编辑的当前图层，然后就可以进行下面的各种变形操作。

1. 缩放

选择【编辑】|【变换】|【缩放】命令，当前图层的图像周围出现 8 个控制点的变形方框。鼠标指针放在图像四个角上的控制点时，鼠标指针则变为 ↖ 形状，拖动控制点可以放大或缩小当前图层。将鼠标指针移入变形框中，鼠标指针则变为 ▶ 形状，则可以移动当前图层，如图 7-38(b)所示。

  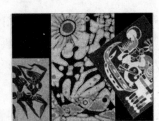

(a) 原图像　　　　　　　　　(b) 缩放操作效果　　　　　　　　(c) 旋转操作效果

图 7-38　图层缩放、旋转变形

2. 旋转

选择【编辑】|【变换】|【旋转】命令，当前图层的图像周围出现 8 个控制点的变形方框。鼠标指针靠近各控制点时，鼠标指针则变为 ↻ 形状，拖动鼠标，图像会按旋转中心进行旋转。如果要改变旋转中心的位置，移动鼠标指针到旋转中心位置，当指针变为 ▸ 形状时，拖动旋转中心到所需的位置即可，如图 7-38(c)所示。

同时还可以执行快速旋转图层的命令来实现【顺时针旋转 180°】、【顺时针旋转 90°】、【逆时针旋转 90°】的旋转效果。

3. 斜切

选择【编辑】|【变换】|【斜切】命令，当前图层的图像周围出现 8 个控制点的变形方框。鼠标指针靠近四角的控制点时，鼠标指针则变为 ▸ 形状，可以单方向斜切图层，如图 7-39(b)所

  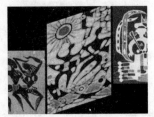

(a) 原图像　　　　　　　　　(b) 单方向斜切效果　　　　　　　(c) 左右两边斜切效果

图 7-39　图层斜切变形

　　　　　　　　　Photoshop CS4 图形图像处理教程

示。若将鼠标指针靠近中间的控制点,当鼠标指针变为 ↔ 形状时,拖动控制点可按变形框方向斜切图层,如图 7-39(c)所示。

4. 扭曲

选择【编辑】|【变换】|【扭曲】命令,当前图层的图像周围出现 8 个控制点的变形方框。鼠标指针靠近四角的控制点时,鼠标指针则变为 ⌐ 形状,拖动鼠标可以随意扭曲图层,如图 7-40(b)所示。

(a) 原图像　　　　　　　(b) 扭曲效果　　　　　　　(c) 透视效果

图 7-40　图层扭曲和透视变形

5. 透视

选择【编辑】|【变换】|【透视】命令,当前图层的图像周围出现 8 个控制点的变形方框。鼠标指针靠近变形框的控制点时,拖动鼠标可将图层进行透视变形,如图 7-40(c)所示。

6. 变形

当选择【编辑】|【变换】|【变形】命令后,会出现由横竖线组成的 9 个方格的网格,除了四角的节点,还有外边交叉地方具有圆形的控制点。对形状进行变形可以拖动控制点或网格线段来进行。可以通过数值和扭曲样式来控制图像变形,变形工具选项栏如图 7-41 所示。

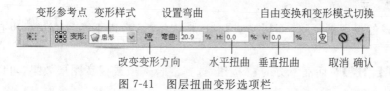

图 7-41　图层扭曲变形选项栏

单击选项栏中的 ▣ 按钮可以改变扭曲的各种方向和样式,如图 7-42 所示。

(a) 原图像　　　　　(b) 图层变形增加效果　　　　(c) 图层变形拱起效果

图 7-42　图层变形效果

7.4.2 图层的自由变换

选择【编辑】|【自由变换】命令,当前图层的图像周围出现 8 个控制点的变形方框,就可以随意缩放和旋转变形了,或使用 Ctrl+T 键,也可以随意调节变形。

技巧:图层自由变换时,按 Ctrl 键的同时拖动控制点,可扭曲图层;按 Ctrl+Shift 键的同时拖动控制点,可斜切图层。

当拖动控制点进行调节和变形时,会出现工具选项栏,可以通过输入数字精确地控制图层的变形,如图 7-43 所示。

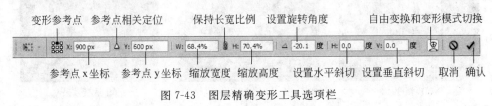

图 7-43　图层精确变形工具选项栏

7.5　图层的样式

图层样式是由很多图层的效果组成的,可以实现很多特殊的效果。图层样式种类很多,有投影、外投影、外发光、内发光、斜面和浮雕、光泽、颜色叠加、图案叠加、渐变叠加、描边等,它们可以让平面图像顷刻间转变为具有立体材质或具有光线效果的立体物体。但图层样式对背景层是无效果作用的。

7.5.1　常用的图层样式

图层样式的设置要通过【图层样式】对话框来实现,有以下两种方法可以打开【图层样式】对话框。

(1)单击【图层】对话框下方的 🖈 按钮,选择混合选项或任意图层效果,可以打开【图层样式】对话框。

(2)双击需要设置效果的图层位置即可打开【图层样式】对话框,如图 7-44 所示。

以下分别介绍常用的图层样式。

1. 投影

投影效果是图层样式中使用比较频繁的一种,可以使平面图形产生立体感。在【图层样式】对话框的左侧勾选【投影】选项,其右侧会变为相应的投影选项,如图 7-45 所示。【投影】样式作用在文字图层后的效果如图 7-46 所示。【投影】样式中各项参数含义如下。

(1)混合模式:设置阴影与下方图层的色彩混合模式,右侧的菜单可以设置不同的混合模式。单击旁边的颜色可以重新定义阴影的颜色。

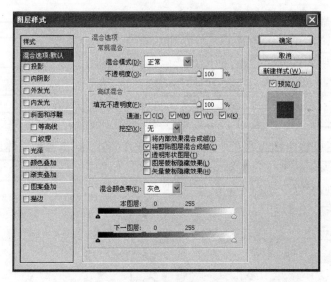

图 7-44 【图层样式】对话框

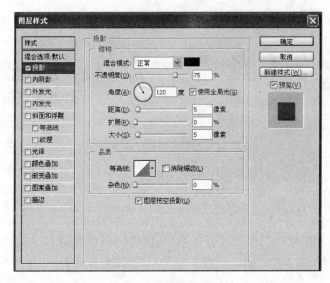

图 7-45 设置投影样式

more thinking
more gaining

more thinking
more gaining

(a) 原图像   (b) 执行后效果

图 7-46 执行投影样式效果

（2）不透明度：用来设置阴影的不透明度，值越大，阴影颜色越深。

（3）角度：用来设置光源的照射角度，用鼠标拖动圈内的指针或输入数值。选择【使用全局光】，可使所有的图层效果保持相同的光线照射角度。

（4）距离：设置图层与投影之间的距离。

（5）扩展：设置光线的强度，值越大，效果越强烈。

（6）大小：设置阴影边缘的柔化程度。

（7）等高线：产生不同的不透明度变化和不同的光环形状。

（8）杂色：在阴影的暗调中增加杂点，产生特殊的效果。

（9）图层挖空投影：在填充为透明时，使阴影变暗。

2. 内阴影

内阴影是在图层的内部边缘产生柔化的阴影效果，可以制作各种立体图形或字体，参数设置如图 7-47（a）所示。文字设置【内阴影】后的效果如图 7-47（b）所示。【内阴影】的设置与【投影】十分相似，有以下一点不同之处。

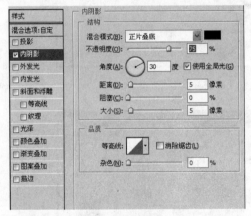

(a) 设置内阴影 (b) 文字内阴影效果

图 7-47　设置内阴影样式示意图

阻塞：可以设定阴影与图像之间内缩的大小。

3. 外发光

外发光效果是在图像的边缘产生光晕效果，而使图像更加醒目，参数设置如图 7-48（a）所示。文字设置【外发光】后的效果如图 7-48（b）所示，【外发光】样式中各项参数含义如下。

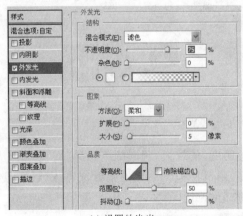
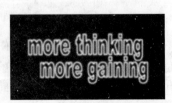

(a) 设置外发光 (b) 文字外发光效果

图 7-48　设置外发光样式示意图

（1）结构：混合模式、不透明度和杂色都与投影相似。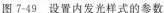用来设置光晕的颜色，单击右边的渐变光晕条可以弹出渐变的编辑器来设置颜色。

（2）图素包括以下几项。

- 方法：用来设置软化蒙版的方法，分为【柔和】和【精确】两种。
- 扩展：用来设置模糊之前的柔化程度。
- 大小：通过调节控制光晕大小。

（3）品质：等高线与上相似。

- 范围：用来设置等高线运用的范围。
- 抖动：用来设置随机发光中的渐变。

4. 内发光

内发光效果是在图像的内部产生光晕效果，设置与外发光相似，其参数设置如图 7-49 所示。实现的效果如图 7-50 所示，【内发光】样式中各项参数含义如下。

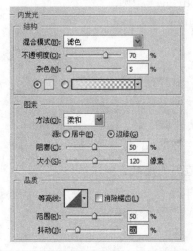

图 7-49　设置内发光样式的参数

(a) 原图像

(b) 设置内发光后的效果

图 7-50　内发光样式的效果

- 阻塞：设置模糊前减少图层蒙版。
- 源：设置图层对象发光的来源，有居中和边缘两种图层对象的发光形式。

5. 斜面与浮雕

斜面与浮雕效果可以在图层上产生各种各样的凹陷或凸出的立体浮雕效果，可以用来制作各种特殊的字体和效果，【斜面与浮雕】样式中各项参数含义如下。

1）结构设置

（1）样式：用来设置斜面和浮雕的样式，样式分为 5 种类型，如图 7-51 所示。

- 外斜面：制作图层中图像外边缘的导角。
- 内斜面：制作图层图像内容边缘的内导角。
- 浮雕效果：制作图层的浮雕效果。

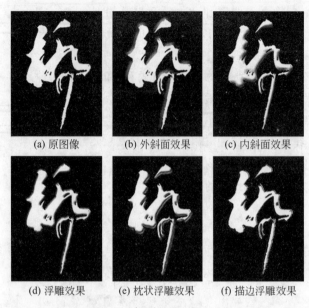

(a) 原图像　　　　(b) 外斜面效果　　　　(c) 内斜面效果

(d) 浮雕效果　　　(e) 枕状浮雕效果　　　(f) 描边浮雕效果

图 7-51　斜面与浮雕样式效果

- 枕状浮雕：制作图层的边缘压入下层图层的效果。
- 描边浮雕：图层应用了描边功能，可以对描边部分做浮雕效果。

（2）方法：用来表现浮雕面的方法，分为以下 3 种。

- 平滑：适用于边缘过渡较为柔和。
- 雕刻清晰：制作清晰、精确的生硬斜面。
- 雕刻柔和：不如雕刻清晰精确，但适合应用较大范围的边缘。

（3）深度：用来设置图层阴影的强度。

- 方向：通过上下方向来改变高光和阴影的位置。
- 大小：用来控制阴影面积的大小。
- 软化：用来调节阴影的柔和程度。

2）阴影设置

- 角度：设定立体光源的角度。
- 高度：设定立体光源的高度。
- 光泽等高线：设定阴影的外观形状，使选择的轮廓图明暗对比分布明确。
- 高光模式：设定立体化后高亮的模式，右边的颜色块可以设定亮部的颜色。下面用来设定亮部的不透明度。
- 阴影模式：设定立体化后暗调的模式，右边的颜色块可以设定暗部的颜色。下面用来设定暗部的不透明度。

3）等高线设置

在【图层样式】对话框左侧，单击【等高线】选项，对话框右侧则变为【等高线】的设置。单击【等高线】图标，可以打开【等高线编辑器】对话框，从中可以自定义等高线形状，改变等高线则可使图像底纹有所变化，【范围】可以通过数值来调节，如图 7-52 所示。

图 7-52　不同等高线的浮雕效果

4）纹理设置

在【图层样式】对话框左侧，单击【纹理】选项，对话框右侧则变为【纹理】的设置。用来在立体的效果上添加各种凹凸的材质效果，如图 7-53 所示。

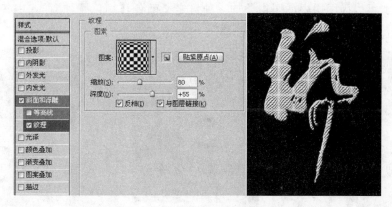

图 7-53　纹理设定后的浮雕效果

- 图案：用于设定纹理的图案。
- 贴紧原点：用丁将纹理对齐图层或文档的左上角。
- 缩放：定义图案的缩放比例。
- 深度：设定纹理的强弱程度。
- 反相：勾选该复选项可以对原来的浮雕效果进行反转。
- 与图层链接：勾选该复选项可以使图案纹理与被作用的图层链接。

6. 光泽

光泽效果可以在图像上添加光源照射的光泽效果，使图像产生物体的内反射，类似于绸缎的表面反射效果，如图 7-54 所示，【光泽】样式中各项参数含义如下。

- 混合模式：设定效果的混合模式，右边可以设置效果的颜色。
- 不透明度：设定效果的不透明度。
- 角度：设定效果实施的角度。

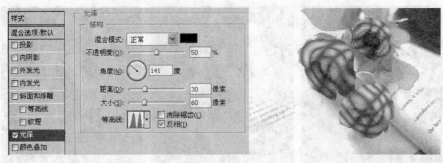

图 7-54　光泽设定后的浮雕效果

- 距离：设定效果的偏移距离。
- 大小：控制实施效果边缘的模糊程度。
- 等高线和反相设定同前。

7. 颜色叠加

颜色叠加可以为图层中的图像叠加一种自定义颜色，【颜色叠加】样式中各项参数含义同前，不再一一赘述。叠加后的效果如图 7-55(a)所示。

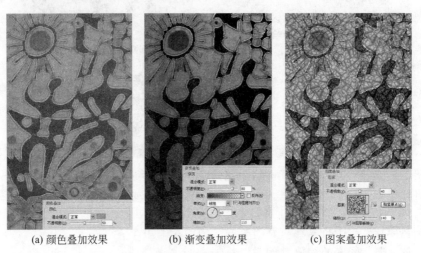

(a) 颜色叠加效果　　　　　(b) 渐变叠加效果　　　　　(c) 图案叠加效果

图 7-55　设定颜色、渐变与图案叠加后的效果

8. 渐变叠加

渐变叠加可以为图层中的图像叠加一种自定义或预设的渐变颜色，【渐变叠加】样式中各项参数含义同前，不再一一赘述。叠加后的效果如图 7-55(b)所示。

9. 图案叠加

图案叠加可以为图层中的图像叠加一种自定义或预设的图案，【图案叠加】样式中各项参数含义同前，不再一一赘述。叠加后的效果如图 7-55(c)所示。

10. 描边

描边可以为当前图层中的图像添加内部、居中或外部单色、渐变或图案的效果,如图 7-56 所示,【描边】样式中各项参数含义如下。

(a) 单色描边　　　　　　(b) 渐变描边　　　　　　(c) 图案描边

图 7-56　设定颜色、渐变与图案描边后的效果

- 大小:设定描边的宽度,单位是像素。
- 位置:设定描边的位置,分为外部、内部、居中 3 种方式。
- 混合模式和不透明度设置同前。
- 填充类型:可分为颜色、渐变和图案 3 种。可以通过颜色选取来选择颜色、渐变或图案。

7.5.2　图层样式的编辑

从【图层】调板中可以轻松地对图层样式进行编辑。单击图层右侧的小三角可以展开图层样式,将其全部显示出来,然后完成相应的编辑,具体的编辑操作如下。

1. 隐藏与显示图层样式

要隐藏相应的图层样式效果,可单击图层样式效果前的眼睛图标,需要显示时,再单击眼睛图标,即可显示图层效果。也可以选择【图层】|【图层样式】|【隐藏所有效果】命令,来隐藏所有图层的效果。

2. 缩放与清除图层样式

缩放图层效果可以同时缩放图层样式中的各种效果,而不会缩放应用了图层样式的对象。当对一个图层应用了多种图层样式时,【缩放效果】可以对这些图层样式同时起缩放样式的作用,能够省去单独调整每一种图层样式的麻烦。

例如在图 7-57(a)所示的文字图层上,添加图 7-57(b)所示的样式。然后,选择【图层】|【图层样式】|【缩放效果】命令,可以打开【缩放图层效果】对话框,设置缩放比例确认后的效果如图 7-57(c)所示。

(a) 原图像

(b) 图层样式

(c) 设置缩放比例后的效果

图 7-57　缩放图层效果示意图

　　清除图层样式可以采用单击图层右侧的小三角来展开图层样式,将其全部显示出来。然后拖动需要清除的图层样式至调板底部的删除按钮上,即可删除图层样式。

　　选择【图层】|【图层样式】|【清除图层样式】命令,也可以清除图层的样式。此外,右击该图层,可以从快捷菜单中选择【清除图层样式】命令来清除图层样式。

3. 拷贝与粘贴图层样式

　　在【图层】调板中,右击需要拷贝图层样式的图层,从快捷菜单中选择【拷贝图层样式】命令,然后再右击相应要粘贴图层样式的图层,从快捷菜单中选择【粘贴图层样式】命令来完成复制和粘贴的过程,如图 7-58 所示。

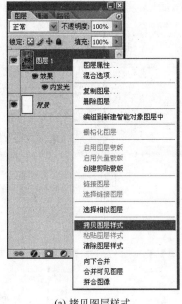
(a) 拷贝图层样式

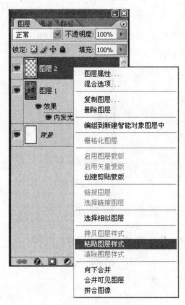
(b) 粘贴图层样式

图 7-58　拷贝与粘贴图层样式调板

　　也可以选择【图层】|【图层样式】|【拷贝图层样式】和【粘贴图层样式】命令,拷贝和粘贴图层的样式。

4. 图层样式转换为图层

　　图层可以运用多种图层样式来进行编辑和修改。将图层样式转换为普通图层,选择【图

层】|【图层样式】|【创建图层】命令,可以把图层的各种样式转换为普通的图层,所应用的各种效果都分离开来形成独立的图层,如图 7-59 所示。

(a) 原图层样式 　　　　　　(b) 样式转换为普通图层

图 7-59　将图层样式转换为普通图层的示意图

7.6　填充图层和调整图层

应用【新建填充图层】和【新建调整图层】命令,可以在不改变图像本身像素的情况下对图像整体进行效果处理。

7.6.1　创建填充图层

填充图层与普通图层具有相同颜色,混合模式和不透明度,也可以进行图层的顺序调整、删除、复制、隐藏等常规操作,是一种比较特殊的类似带有矢量蒙版效果的图层。创建新填充图层有【纯色】、【渐变】和【图案】3 种类型。

选择【图层】|【新建填充图层】|【渐变】命令后的【图层】调板,如图 7-60(a)所示,或选择【纯色】与【图案】命令,可以获得其他效果。

(a) 渐变填充的图层调板 　　　　　(b) 调整图层的调板

图 7-60　渐变填充和调整图层的调板

例 7.1 用新建填充图层的方法对图像的模式和不透明度进行调整。图像调整前、后的效果如图 7-61 所示。

操作步骤如下:

(1) 选择【文件】|【打开】命令,打开素材文件"pic1.jpg",如图 7-61(a)所示。并设置【前景色】为 8bdcf4。

(2) 选择【图层】|【新建填充图层】|【渐变】命令,可打开【新建图层】对话框,在【模式】下拉列表中选择【溶解】选项,【不透明度】为 50%,其他参数默认,单击【确定】按钮确认。

(3) 此时会显示【渐变填充】对话框,如图 7-61(b)所示,按图设置各项参数,完毕后单击【确定】按钮,效果如图 7-61(c)所示。

(a) 原图像

(b)【渐变填充】对话框

(c) 渐变填充图层的效果

图 7-61 渐变填充图层的效果

7.6.2 创建调整图层

调整图层也是一种比较特殊的图层。可以用来调整图层的色彩和色调,但不改变本身图像的颜色和色调,这样色彩和色调设置可以灵活地进行反复修改。

选择【图层】|【新建调整图层】命令后,系统会弹出【色阶】、【色彩平衡】、【色相/饱和度】等命令。所有的设置都在【调整】调板中设置,【调整】调板如图 7-62 所示。创建调整图层后的【图层】调板如图 7-60(b)所示。

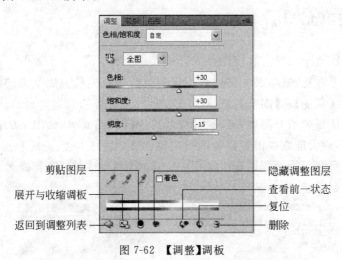

图 7-62 【调整】调板

例 7.2 用新建调整图层的方法对图像的色相、饱和度和明度进行调整。图像调整前、后的效果如图 7-63 所示。

(a) 原图像　　　　　　　　　(b) 创建调整图层后的效果

图 7-63　创建调整图层前、后效果图

操作步骤如下：

（1）选择【文件】|【打开】命令，打开素材文件"pic1.jpg"，如图 7-63(a)所示。

（2）选择【图层】|【新建填充图层】|【色相/饱和度】命令，可打开【新建图层】对话框，在【模式】下拉列表中选择【溶解】选项，【不透明度】为 50％，其他参数默认，单击【确定】按钮确认。

（3）此时【调整】调板如图 7-62 所示，按图设置各项参数，完毕后单击【确定】按钮，效果如图 7-63(b)所示。

7.6.3　编辑图层内容

创建填充和调整图层之后，还可以对图层内容进行编辑。在【图层】调板中，双击新的填充或调整图层的缩略图，在调板中进行进一步的调整即可。

如果要更改填充图层和调整图层的内容，可以选择【图层】|【图层内容选项】命令，进行相应的更改和调整即可。

7.7　智　能　对　象

在编辑一个多图层、效果较为复杂的图像时，可以将其中某个要编辑的图层创建为智能对象。编辑智能对象的内容时会打开一个与智能对象关联的编辑窗口，此编辑窗口保持欲创建智能对象的图层的所有特性，而且是完全可以再编辑的，这个编辑窗口中的内容就是智能对象的源文件，对智能对象的源文件可以比较灵活地进行缩放、旋转和扭曲等各种编辑而不会对智能对象所在图像形成破坏。当编辑完成时保存源文件后，智能对象也会得到相应的修改。用创建智能对象的编辑方法可以使得图像编辑更为方便与高效。

7.7.1　智能对象的创建与编辑

1. 创建智能对象

智能对象的创建可以选择【图层】|【智能对象】|【转换为智能对象】命令，该命令能将图

层中的单个图层、多个图层转换成一个智能对象,或者将普通图层与智能对象的图层转换成一个智能对象。转换成智能对象后,图层的缩略图会出现一个表示智能对象的图标,如图 7-64 所示。

图 7-64 【创建智能对象】的图像与图层调板

2. 编辑智能对象

智能对象的编辑可以选择【图层】|【智能对象】|【编辑内容】命令。智能对象允许对源内容进行编辑。编辑时,源图像将在 Photoshop CS4 中打开,智能对象与其相连的所有图层都将打开,然后就可以进行各种编辑,当效果满意时再保存源文件,回到含有智能对象的主图像文件中可以看到编辑改变后的图像都进行了更新。

例 7.3 用智能对象的方法对图像的天空背景进行调整。图像调整前先创建蓝天白云的自定义图案,如图 7-65(a)所示,在调整源图像后智能对象的效果如图 7-65(d)所示。

(a) 创建云的定义图案　　　　　　　　(b) 原图像

(c) 创建填充图层后的选区　　　　　　(d) 智能对象的变化效果

图 7-65 智能对象【编辑内容】命令的效果

操作方法如下:

(1) 选择【文件】|【打开】命令,打开素材文件"云 1.jpg",在合适的位置上创建选区,如

Photoshop CS4 图形图像处理教程

图 7-65(a)所示。

（2）选择【文件】|【打开】命令，打开素材文件"pic2.jpg"，选择【图层】|【智能对象】|【转换为智能对象】命令，此时的【图层】调板如图 7-64 所示。

（3）选择【图层】|【智能对象】|【编辑内容】命令，或者双击【图层】调板中智能对象的图标，可以显示如图 7-66 所示的提示信息，单击【确定】按钮便可打开智能对象源文件的编辑窗口。

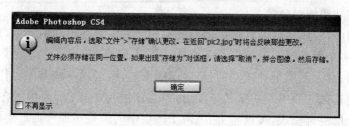

图 7-66　编辑智能对象源文件的提示信息

（4）在源文件的编辑窗口中，用设置【容差】为 80% 的【魔棒工具】在图像天空部分建立选区，如图 7-65(c)所示。

（5）选择【图层】|【新建填充图层】|【图案】命令，打开【新建图层】对话框，默认参数，单击【确定】按钮确认。

（6）此时系统显示【图案填充】对话框，如图 7-67 所示，单击图案选择下拉按钮，选择自定义的图案后，单击【确定】按钮确认。

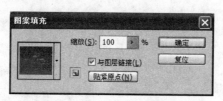

图 7-67　【图案填充】对话框

（7）此时源文件的编辑窗口中的选区便被蓝天白云的图案所填充，用【涂抹工具】修饰选区中图案的接缝处，编辑完成后的效果如图 7-65(d)所示。

（8）选择【文件】|【存储】命令，保存源文件后可以发现，另一窗口中的智能对象也得到了相应的修改。

7.7.2　智能对象的导出与栅格化

智能对象的导出，可以将智能对象的内容完整地传送到任意的驱动器中，以方便使用。选择【图层】|【智能对象】|【导出内容】命令，智能对象会以 PSB 格式或 PDF 格式进行保存。

智能对象的栅格化可以选择【图层】|【智能对象】|【转换到图层】命令，将智能对象的图层转换为普通图层，并且以当前大小的规格将所选的内容栅格化。如果想再创建智能对象，就要重新对所选的图层进行设置操作。

7.8 本章小结

本章主要介绍了 Photoshop CS4 的重要的知识点——图层。并着重介绍了图层的基本概念与基本操作、【图层】调板及其基本功能、常用的图层类型、图层的混合模式和图层样式，以及图层的管理和智能对象等。

在图像处理中，应该尽可能将构成图像的不同元素放置在不同的层上，这样会给操作带来方便；把含有多个图层的图像保存为不会丢失图层信息的 PSD 格式的文件，这样会有利于图像的再编辑；背景图层是被锁定的、最底层的图层，图层的一些基本操作一般都被禁止；在图像上创建的选区一般不专属于某个图层，对选区进行的操作，会作用在当前图层上；合理巧妙地运用图层混合模式，可以将上、下两个图层中的像素相混合而产生浑然一体的图像合成效果；图层变形和图层样式的设置又可为图像的编辑提供变化多端、令人炫目的各种效果。

本章图层的各种操作是图像处理的重点操作，很多基本操作对学习者来说是必须熟练掌握的，在学习过程中应该正确理解图层的基本概念，对重要的基本操作应反复练习，认真归纳总结，举一反三，做到能熟练运用和正确掌握图层的各种操作。

第 8 章 通道与蒙版

本章学习重点：

- 了解通道与蒙版的基本概念；
- 掌握通道的基本操作与应用；
- 掌握各类型的蒙版操作及其应用。

利用 Photoshop CS4 中提供的通道和蒙版可以制作出更加灵活多变的图像效果。通道用来存储图像的颜色和选区的信息，而蒙版则可以保护图像中特定的选区部分。

8.1 通 道 概 述

在 Photoshop CS4 中，通道用来存储图像的颜色和选区的信息，Photoshop CS4 中提供的【通道】调板可以快捷地创建和管理通道，如图 8-1 所示。所有的图像都是由一定的通道组成的，一个图像最多可以有 24 个通道。

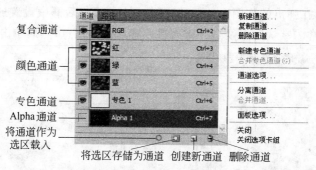

图 8-1 【通道】调板

通道的类型主要有 3 种，分别是颜色通道、Alpha 通道以及专色通道。

（1）颜色通道：主要用来记录图像颜色的分布情况，在创建一个新图像时自动创建。图像的颜色模式决定了所创建的颜色通道的数目。例如，RGB 图像的每一种颜色（红色、绿色和蓝色）都有一个通道，并且还有一个用于编辑图像的复合通道。

（2）Alpha 通道：可以将选区存储为灰度图像，也可以用来创建和保存图像的蒙版。

（3）专色通道：常用于专业印刷品的附加印版。

8.2   通道的基本操作

通道的操作通常包括通道的创建、复制与删除、分离与合并、通道与选区互换等，下面详细介绍。

8.2.1   通道的创建、复制与删除

1. 创建通道

创建新通道可以单击图 8-1 所示的【通道】调板右上角的菜单按钮，在弹出的菜单中选择【新建通道】命令，系统则会显示如图 8-2 所示的【新建通道】对话框，在其中可以输入通道的名称以及色彩的显示方式等，设定好参数后单击【确定】按钮即可新建通道。在【通道】调板上，按住 Alt 键不放，再单击【创建新通道】按钮 ，也可以新建一个通道。【新建通道】对话框中各选项的含义如下。

（1）被蒙版区域：如果选中此单选项，则将设定被通道颜色所覆盖的区域为遮蔽区域，没有颜色遮盖的区域为选区。

（2）所选区域：如果选中此单选项，则与【被蒙版区域】作用相反。

2. 复制通道

当用户利用通道保存了一个选区以后，如果希望对此选区再做修改，可以将此通道复制一个副本修改，以免修改错误以后不能复原。复制通道的方法与复制图层类似，首先选择要被复制的通道，接着在【通道】调板上单击右上角的菜单按钮，然后在弹出的菜单中选择【复制通道】命令，最后在弹出的如图 8-3 所示的【复制通道】对话框中设置通道名称、要复制通道存放的位置（通常为默认），以及是否将通道内容反相等信息，然后单击【确定】按钮即可。

图 8-2 【新建通道】对话框

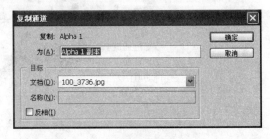

图 8-3 【复制通道】对话框

在【通道】调板选中要复制的通道后，按住鼠标左键将其拖动到【新建通道】按钮 上，也可以复制一个通道。

3. 删除通道

有时候为了节省图片文件所占用的空间，或者提高文档图片处理速度，需要将其中一些

无用的通道删除,其方法是在【通道】调板上单击右上角的菜单按钮,在弹出的菜单中选择【删除通道】命令即可。在【通道】调板选中要删除的通道后,单击【删除当前通道】按钮 ,也可以删除一个通道。

8.2.2 通道分离与合并

所谓通道的分离就是将一个图片文件中的各个通道分离出来分别调整。合并通道就是将通道分别单独处理后,再合并起来。

1. 通道分离

分离通道可以将图像文件从彩色图像中拆分出来,并各自以单独的窗口显示,而且都为灰度图像。各个通道的名称以原图片文件名称加上通道名称的缩写来标注,比如有一个RGB模式的图片文件名称为"鲜花.jpg",将其分离通道以后各通道的名称分别是"鲜花_R.jpg"、"鲜花_G.jpg"和"鲜花_B.jpg"。

分离通道的方法很简单,选中需要分离的图片文件后,在其【通道】调板上单击右上角的菜单按钮,在弹出的菜单中选择【分离通道】命令即可。

2. 通道合并

合并通道是分离通道的反操作,比如我们现在需要将刚才分离的"鲜花_R.jpg"、"鲜花_G.jpg"和"鲜花_B.jpg"这几个通道合并,操作方法是在【通道】调板上单击右上角的菜单按钮,再在弹出的菜单中选择【合并通道】命令,然后在弹出的如图8-4所示的【合并通道】对话框中单击【确定】按钮,最后在【合并RGB通道】对话框中单击【确定】按钮即可,如图8-5所示。

图 8-4 【合并通道】对话框

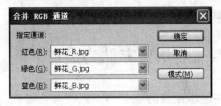

图 8-5 【合并 RGB 通道】对话框

8.2.3 将通道作为选区载入

将通道作为选区载入就是把建立的通道中制作的内容作为选区载入到图层中。被载入的通道只能是自己创建的通道。操作方法是在创建的通道完成后,选中该通道,然后通过【通道】调板底部的【将通道作为选区载入】按钮 来完成。

例 8.1 用通道作为选区载入的技术为图像"pic2.jpg"制作降雪效果。

操作步骤如下:

(1) 在 Photoshop CS4 中打开图像"pic2.jpg",如图 8-6(a)所示。

(2) 切换到【通道】调板,选择一个较淡的通道,不妨选择【绿】通道,将其拖动到【创建新

(a) 原图像

(b) 复制通道

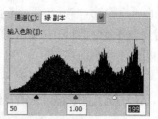
(c) 设置色阶参数

图 8-6　原图像与【通道】、【色阶】调板示意图

通道】按钮上，得到一个【绿 副本】通道，如图 8-6(b)所示。

（3）选择【图像】|【调整】|【色阶】命令，打开【色阶】对话框，参数设置如图 8-6(c)所示。设置完成后单击【确定】按钮，效果如图 8-7(a)所示。

(a) 调整色阶后的效果

(b) 调出选区后的效果

(c) 填充选区后的最终效果

图 8-7　用【通道】技术制作"雪景"示意图

（4）按住 Ctrl 键不放，再单击【绿 副本】通道，或者在【通道】调板上单击【将通道作为选区载入】按钮 ，则通道中浅色的部分已经作为选区显示了出来，如图 8-7(b)所示。

（5）切换到【图层】调板，新建【图层 1】，将选区填充为白色。按 Ctrl＋D 键，撤销选区，效果如图 8-7(c)所示。

8.2.4　将选区存储为通道

在编辑图像时创建的选区常常会多次使用，此时可以将选区存储起来以便以后多次使用。存储的选区通常会被放置在 Alpha 通道中，将选区载入时载入的就是存在于 Alpha 通道中的选区。例如打开图像"花.jpg"，使用魔棒工具 在其中创建选区如图 8-8 所示。在【通道】调板上单击【将选区存储为通道】按钮 ，这时【通道】调板显示如图 8-9 所示，系统

图 8-8　创建选区

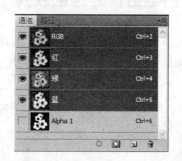
图 8-9　将选区存储为通道以后的【通道】调板

——————Photoshop CS4 图形图像处理教程

自建了一个"Alpha1"通道，并将选区存储在其中。

也可以选择【选择】|【存储选区】命令，打开如图 8-10 所示的【存储选区】对话框，就可将当前选区存储到 Alpha 通道中。【存储选区】对话框中各选项含义如下。

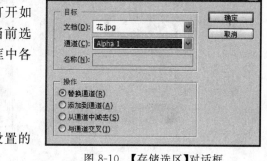

图 8-10 【存储选区】对话框

（1）文档：当前选区所在的文档。

（2）通道：用来选择存储选区的通道。

（3）名称：设置当前选区存储的名称，设置的结果将作为 Alpha 通道名称。

如果【通道】调板中存在 Alpha 通道，可在【存储选区】对话框的【通道】下拉列表中选中该通道，此时 4 个单选项的含义如下。

（1）替换通道：替换原来的通道。

（2）添加到通道：在原有通道中加入新通道，如果是选区相交，则组合成新的通道。

（3）从通道中减去：在原有通道中加入新通道，如果是选区相交，则合成选区时会去除相交的区域。

（4）与通道交叉：在原有通道中加入新通道，如果是选区相交，则合成选区时会留下相交的区域。

8.2.5　专色通道及其应用

专色通道，顾名思义就是一种用来保存专门颜色信息的通道。

通常印刷品的颜色模式是 CMYK 模式，而专色是一系列特殊的预混油墨，不是靠 CMYK 四色混合出来的颜色。专色在印刷时要求使用专用的印版，专色意味着准确的颜色，以便创建出更加新颖的图像效果。

专色可以局部使用，也可作为一种色调应用于整个图像中，利用专色通道可以为图像添加专色，专色通道具有 Alpha 通道的一切特点，包括保存选区信息、透明度信息。每个专色通道只是以灰度图形式存储相应专色信息，与其在屏幕上的彩色显示无关。

图 8-11 【专色通道选项】对话框

在【通道】调板的弹出菜单中选择【新建专色通道】命令，打开【专色通道选项】对话框，如图 8-11 所示。设置【油墨特性】中的【颜色】和【密度】后，单击【确定】按钮，可在【通道】调板中建立一个专色通道，如图 8-12(a)所示。如果【通道】调板中存在 Alpha 通道，只要用鼠标双击 Alpha 通道的缩略图就可以打开【通道选项】对话框，选择【专色】单选项，如图 8-12(b)所示。单击【确定】按钮，就可将其转换成专色通道。

专色通道创建后，可以使用各种编辑工具或滤镜对其进行相应的编辑。

例 8.2　在图像文件"雨林.jpg"中创建专色通道，将"燕子.jpg"中的燕子复制到专色通道中。

(a) 创建专色通道　　　　　　　　　　(b) 设置参数

图 8-12　将 Alpha 通道改为专色通道

操作步骤如下：

（1）打开图像文件"雨林.jpg"和"燕子.jpg"，选中"雨林.jpg"文件为当前编辑文件。在其【通道】调板上单击右上角的菜单按钮，在弹出的菜单中选择【新建专色通道】命令，则会弹出如图 8-11 所示的【专色通道选项】对话框。

（2）在【专色通道选项】对话框中单击颜色框，在弹出的【拾色器】对话框中将颜色设置为"＃bad2b8"（也可以设置其他颜色），单击【确定】按钮。

（3）在【专色通道选项】对话框中单击【确定】按钮，此时文件"雨林.jpg"的【通道】调板如图 8-13 所示。

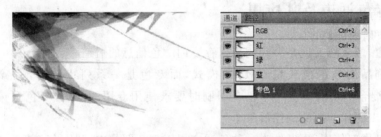

图 8-13　添加专色通道后的【通道】调板

（4）将图像"燕子.jpg"设为当前编辑文件，用【魔棒工具】选中燕子，如图 8-14（a）所示，在键盘上按 Ctrl＋C 键将燕子复制到剪贴板中。

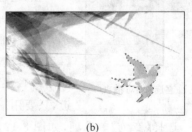

　　　　　　　(a)　　　　　　　　　　　　　　(b)

图 8-14　选择燕子并复制到专用通道

（5）再切换到"雨林.jpg"工作窗口，按 Ctrl＋V 键二次将剪贴板中的燕子粘贴过来，如图 8-14（b）所示，在确认燕子是在被选中的前提下再选择【编辑】|【变换】|【自由变换】命令将燕子水平翻转，最后再将燕子移动到合适的位置，如图 8-15 所示。

图 8-15 处理后的效果及【通道】调板

8.2.6 应用图像与计算

在通道的操作中,利用【图像】|【应用图像】命令和【图像】|【计算】命令可以通过结合通道与蒙版使得混合更加细致,还可以对图像每个通道中的像素颜色值进行一些算术运算,从而使图像产生一些奇妙特殊的效果。

1. 应用图像命令

应用图像命令可以将源图像的图层或通道与目标图像的图层或通道混合,创建出特殊的混合效果,并将结果保存在目标图像的当前图层和通道中。使用【应用图像】命令对图像进行处理时,两个图像尺寸的大小以及分辨率等必须完全一致。选择【图像】|【应用图像】命令,打开的【应用图像】对话框如图 8-16 所示,对话框中各选项含义如下。

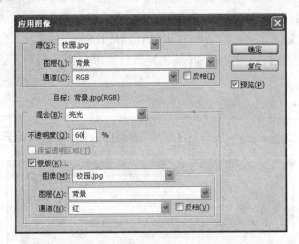

图 8-16 【应用图像】对话框

(1) 源:用来选择与目标图像相混合的源图像文件。

(2) 图层:如果源文件是多图层文件,则可以选择源图像中相应的图层作为混合对象。

(3) 通道:用来指定源文件参与混合的通道。

(4) 反相:勾选该复选框,可以在混合图像时使用通道内容的负片。

(5) 目标:当前的工作图像。

(6) 混合:设置图像的混合模式。

（7）不透明度：设置图像混合效果的强度。

（8）保留透明区域：勾选该复选框，可以将效果只应用于目标图层的不透明区域而保留原来的透明区域。如果该图像只存在背景图层中，那么该选项将不可用。

（9）蒙版：可以应用图像的蒙版进行混合，勾选该复选框，可以显示蒙版如下设置。

- 图像：在下拉菜单中选择包含蒙版的图像。
- 图层：在下拉菜单中选择包含蒙版的图层。
- 通道：在下拉菜单中选择作为蒙版的通道。
- 反相：勾选该复选框，可以在计算时使用蒙版的通道内容的负片。

例 8.3 用【应用图像】命令将如图 8-17(a)、(b)所示素材图像"背景.jpg"和"校园.jpg"合成在一起，合成后的效果如图 8-17(c)所示。

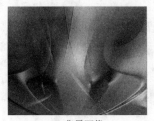  

(a) 背景图像　　　　　　　(b) 校园图像　　　　　　(c) 合成后的图像效果

图 8-17　使用【应用图像】命令后的效果

操作步骤如下：

（1）打开素材图像"背景.jpg"和"校园.jpg"，切换到"背景.jpg"所在的工作窗口。

（2）选择【图像】|【应用图像】命令，在打开的【应用图像】对话框中选择源图像为"校园.jpg"，其他选项设置如图 8-16 所示，单击【确定】按钮即可完成。

（3）适当调整【色调】、【对比度】和【颜色】，最后效果如图 8-17(c)所示。

2. 计算命令

计算命令可以混合两个来自一个或多个源图像的单个通道，从而得到新图像或新通道，或当前图像的选区。选择【图像】|【计算】命令，可以打开【计算】对话框，如图 8-18 所示。对

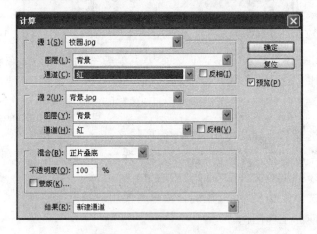

图 8-18　【计算】对话框

话框中各选项含义如下。

（1）通道：用来指定源文件参与计算的通道，在【计算】对话框的【通道】下拉菜单中不存在复合通道。

（2）结果：用来指定计算后出现的结果，包括新建文档、新建通道和选区。

- 新建文档：选择该选项后，可以自动生成一个多通道文档。
- 新建通道：选择该选项后，在当前文件中新建 Alpha 通道。
- 选区：选择该选项后，在当前文件中生成选区。

例 8.4 用【计算】命令将如图 8-17(a)、(b)所示的素材图像"背景.jpg"和"校园.jpg"生成新通道，效果如图 8-19 所示。

图 8-19 【计算】命令生成新通道示意图

操作步骤如下：

（1）打开素材图像"背景.jpg"和"校园.jpg"，切换到"校园.jpg"所在的工作窗口。

（2）选择【图像】|【计算】命令，在打开的【计算】对话框中，选择【源 1】图像为"校园.jpg"，【通道】为【红】，选择【源 2】图像为"背景.jpg"，【通道】为【红】，设置【混合】为【正片叠底】，其他选项设置如图 8-18 所示。

（3）单击【确定】按钮即可完成，【通道】调板如图 8-19 所示。

注意：不能对复合通道应用【计算】命令。

8.3 蒙版概述

蒙版可以理解为蒙在图像上的一层保护"版"，当需要给图像的某些区域运用颜色变化、滤镜或者其他效果时，蒙版可以用来保护图像中不被编辑的部分。蒙版就是在原来图层上加了一个看不见的图层，其作用就是显示和遮盖原来的图层。它可以使原来图层部分内容被遮盖住，对图像操作时这部分内容不受影响。蒙版也可以看成一种选区，但它跟常规的选区不一样。图像上加了普通选区，就可以对所选的区域进行处理。蒙版却相反，它能对所选的区域进行保护，让其免予操作，而对选区的外部进行操作。蒙版是一个灰度图像，可以用画笔工具、橡皮工具和部分滤镜对其处理。

在 Photoshop CS4 中蒙版分为快速蒙版、图层蒙版、矢量蒙版等几种类型，下面将分别介绍。

8.4 蒙版的基本操作

8.4.1 快速蒙版及其应用

通过创建快速蒙版,可以在图像上创建一个半透明的图像,在快速蒙版模式下可以把任何选区作为蒙版来进行编辑,而无需使用【通道】调板。把选区作为蒙版来编辑优点是几乎可以使用任何工具或滤镜来修改蒙版,这样就大大方便了编辑操作。例如在图像上创建了一个选区,进入快速蒙版模式后,可以使用画笔工具扩展或收缩选区,使用滤镜设置选区边缘等。在快速蒙版上进行的任何操作都只作用于蒙版本身,而不会影响到图像。在快速蒙版模式中编辑时,【通道】调板中出现一个临时快速蒙版通道。但是,所有的蒙版编辑是在图像窗口中完成的。

1. 创建快速蒙版

当图像中存在选区时,在工具箱中直接单击【以快速蒙版模式编辑】按钮 ,就可以进入快速蒙版编辑状态,在默认状态下,选区内的图像为可编辑区域,选区外的图像为受保护区域,如图 8-20 所示。

(a) 原图像

(b) 添加快速蒙版后的图像

(c) 快速蒙版通道

图 8-20 添加快速蒙版的示意图

2. 更改蒙版颜色

蒙版颜色指的是在图像中保护某区域的透明颜色,默认状态下为红色,透明度为 50%,双击【以快速蒙版模式编辑】按钮 ,就会显示如图 8-21 所示的【快速蒙版选项】对话框。对话框中各选项含义如下。

(1) 色彩指示:用来设置在快速蒙版状态时遮罩显示位置。

被蒙版区域:快速蒙版中有颜色的区域代表被蒙版的范围,没有颜色的区域则是被选取的范围。

所选区域:快速蒙版中有颜色的区域代表选区范围,没有颜色的区域则是被蒙版的范围。

(2) 颜色:用来设置当前快速蒙版的颜色和透明度,默认状态下是【不透明度】为 50%

的红色,单击颜色图标可以修改蒙版的颜色。

3. 编辑快速蒙版

进入快速蒙版模式的编辑状态时,使用相应的工具可以对快速蒙版重新编辑。在默认的状态下,使用深色在可编辑区域填充时,就可将其转换为保护区域的蒙版;使用浅色在蒙版区域填充时,就可将其转换为可编辑状态。按 Ctrl+T 键可以调出变换框,此时可编辑区域的变换效果与对选区内的图像变换效果一致,如图 8-22 所示。

图 8-21 【快速蒙版选项】对话框

图 8-22 快速蒙版自由变换示意图

4. 退出快速蒙版

在快速蒙版状态下编辑完成后,单击【以标准模式编辑】按钮 ,就可以退出快速蒙版,此时被编辑区域会以选区形式显示。

例8.5 打开图片"花.jpg"用快速蒙版的方法改变图像的选区。

操作步骤如下:

(1) 打开图像"花.jpg",用魔棒工具选中最上面的一朵花,如图 8-23(a)所示,再单击工具箱中的快速蒙版模式按钮 ,会看到在图像上有覆盖一层红色的区域(默认情况下,快速蒙版模式会用红色、50% 不透明的叠加色为受保护区域着色),如图 8-23(b)所示。此时的编辑窗口及【通道】调板如图 8-23(c)所示。

(a) 在原图上建立选区　　(b) 创建快速蒙版　　(c)【通道】调板

图 8-23 创建快速蒙版

(2) 从工具箱中选择【画笔工具】 ,这时工具箱中的颜色自动变成黑、白两种色调。用白色作为前景色在红色区域中绘制时会增加选区。反之,用黑色作为前景色绘制则会减少选区。用白色画笔绘制图像下面 2 朵花,用黑色画笔绘制花朵中心花蕾部分。绘制好后单击工具箱中的【以标准模式编辑】按钮 ,会发现选择区域改变了,如

图 8-24 所示。

(a) 用画笔修改蒙版　　　　(b)【通道】调板　　　　(c) 退出蒙版后的效果

图 8-24　在【快速蒙版】模式下用画笔修改蒙版，可以改变选区

注意：通过对快速蒙版的修改可以修改选区，并保护原先选区外的区域，被选中的区域不受该蒙版的保护。

8.4.2　蒙版调板

【蒙版】调板是 Photoshop CS4 新增加的一个功能，通过该调板可以对创建的蒙版进行细致的调整，使图像合成更加细腻，处理更加方便。创建蒙版后，选择【窗口】|【蒙版】命令就可打开如图 8-25 所示的【蒙版】调板。

【蒙版】调板中各选项含义如下。

（1）创建矢量蒙版：用来为图像创建矢量蒙版或在矢量蒙版与图像之间切换。图像中不存在矢量蒙版时，只要单击该按钮，即可在该图层中新建一个矢量蒙版。

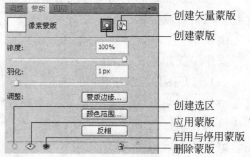

图 8-25　【蒙版】调板

（2）创建蒙版：用来为图像创建蒙版或在蒙版与图像之间切换。

（3）浓度：用来设置蒙版中黑色区域的透明程度，数值越大，蒙版越透明。

（4）羽化：用来设置蒙版边缘的柔和程度，与选区的羽化相类似。

（5）蒙版边缘：可以更加细致地调整蒙版的边缘，单击该按钮可以打开如图 8-26 所示的【调整蒙版】对话框，设置各项参数即可调整蒙版的边缘。

（6）颜色范围：用来重新设置蒙版的效果，单击该按钮可以打开如图 8-27 所示的【色彩范围】对话框，具体用法与第 3 章的【色彩范围】一样。

（7）反相：单击该按钮，蒙版中的黑色与白色可以进行对换。

（8）创建选区：单击该按钮，可以从创建的蒙版中生成选区，被生成选区的部分是蒙版中的白色部分。

（9）应用蒙版：单击该按钮，可以将蒙版与图像合并，效果与选择【图层】|【图层蒙版】|【应用蒙版】命令一致。

（10）启用与停用蒙版：单击该按钮可以使蒙版在显示与隐藏之间转换。

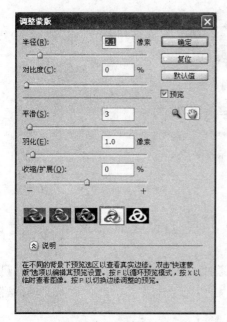

图 8-26 【调整蒙版】对话框

图 8-27 【色彩范围】对话框

（11）删除蒙版：单击该按钮，可以将选择的蒙版缩略图从【图层】调板中删除。

8.4.3 图层蒙版及其应用

在处理图像的过程中，图层蒙版是经常被用到的工具，因为它可以遮盖掉图层中不需要的部分，而不会破坏图层的像素。图层蒙版可以理解为在当前图层上面覆盖一层玻璃片，这种玻璃片有透明和黑色不透明两种，前者可以显示全部覆盖的图像，后者则可以隐藏部分覆盖的图像。用各种绘图工具在蒙版上（即玻璃片上）涂色，只能涂黑、白、灰色，涂黑色地方的蒙版变为不透明，看不见当前图层中被遮盖的图像，涂白色的地方则使涂色部分变为透明可看到当前图层上的图像，涂灰色使蒙版变为半透明，透明的程度由涂色的深浅决定。

图层蒙版不会对图层中的图像进行破坏，而图层与图层的合成图像可以达到浑然一体。在图像编辑中往往需要根据不同的应用目的在图像中创建不同的蒙版，创建的图层蒙版可以分为整体蒙版和选区蒙版。

1. 创建整体图层蒙版

整体图层蒙版指的是创建一个对当前图层进行覆盖的蒙版，具体的创建方法如下。

（1）选择【图层】|【图层蒙版】|【显示全部】命令，此时在【图层】调板的该图层上便会出现一个白色蒙版缩略图，在【图层】调板中单击【添加图层蒙版】按钮 ，可以快速创建一个白色蒙版缩略图，如图 8-28(b)所示，此时蒙版为透明效果。

（2）选择【图层】|【图层蒙版】|【隐藏全部】命令，此时在【图层】调板的该图层上便会出现一个黑色蒙版缩略图。在【图层】调板中按住 Alt 键，单击【添加图层蒙版】按钮 ，可以快速创建一个黑色蒙版缩略图，如图 8-28(c)所示，此时蒙版为不透明效果。

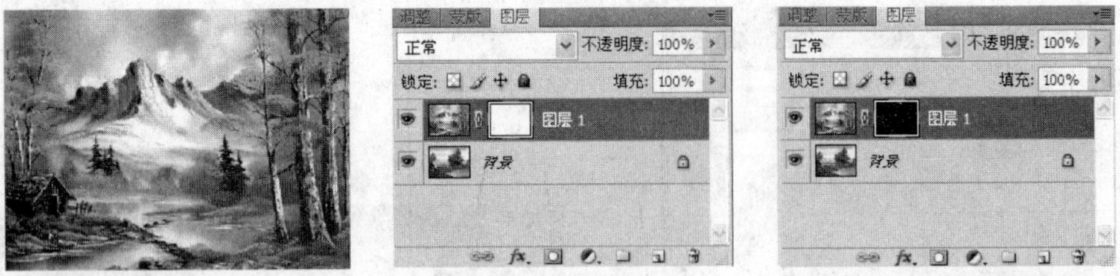

(a) 原图像　　(b) 添加透明蒙版　　(c) 添加不透明蒙版

图 8-28　添加蒙版示意图

2. 选区蒙版

选区蒙版指的是在图像的当前图层中已创建了选区，在 Photoshop CS4 中添加关于该选区的蒙版，具体的创建方法如下。

(1) 如果编辑的图像中存在选区，选择【图层】|【图层蒙版】|【显示选区】命令，或在【图层】调板中单击【添加图层蒙版】按钮，此时选区内的图像会被显示，选区外的图像会被隐藏，如图 8-29 所示。

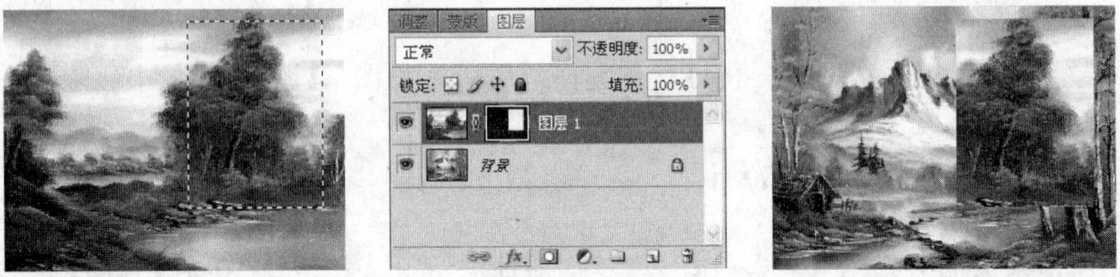

(a) 创建选区的原图像　　(b) 添加显示选区蒙版　　(c) 添加蒙版后的图像

图 8-29　为选区添加透明蒙版

(2) 如果编辑的图像中存在选区，选择【图层】|【图层蒙版】|【隐藏选区】命令，或在【图层】调板中按住 Alt 键并单击【添加图层蒙版】按钮，此时选区内的图像会被隐藏，选区外的图像会被显示，如图 8-30 所示。

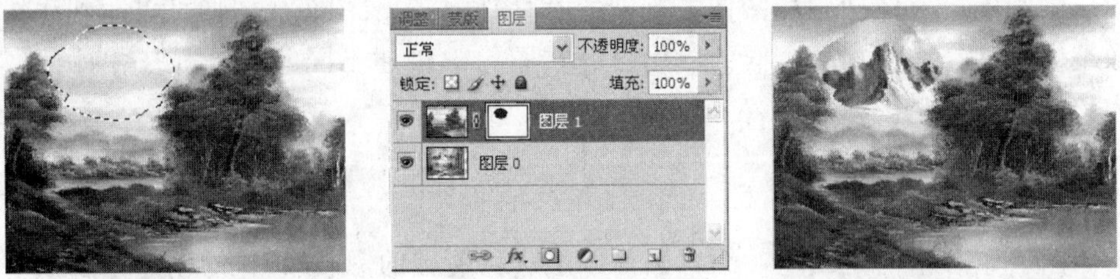

(a) 创建选区的原图像　　(b) 添加隐藏选区蒙版　　(c) 添加蒙版后的图像

图 8-30　为选区添加不透明蒙版

3. 显示与隐藏图层蒙版

创建蒙版后，选择【图层】|【图层蒙版】|【停用】命令，或在蒙版缩略图上右击，在弹出的菜单中选择【停用图层蒙版】命令，此时在蒙版缩略图上会出现一个红叉，表示此蒙版被停

用,如图 8-31(a)所示。选择【图层】|【图层蒙版】|【启用】命令,或在蒙版缩略图上右击,在弹出的菜单中选择【启用图层蒙版】命令,即可重新启用蒙版效果,如图 8-31(b)所示。

(a) 停用图层蒙版　　　　　(b) 启用图层蒙版　　　　　(c) 应用图层蒙版

图 8-31　隐藏、显示与应用蒙版

4. 删除与应用图层蒙版

创建蒙版后,选择【图层】|【图层蒙版】|【删除】命令,即可将当前应用的蒙版效果从图层中删除,图像恢复原来效果。选择【图层】|【图层蒙版】|【应用】命令,可以将当前应用的蒙版效果直接与图像合并,如图 8-31(c)所示。

5. 图层蒙版链接与取消链接

创建蒙版后,在默认状态下蒙版与当前图层中的图像处于链接状态,在图层缩略图与蒙版缩略图之间会出现一个链接图标⧉。此时移动图像时蒙版会跟随移动,选择【图层】|【图层蒙版】|【取消链接】命令,会将图像与蒙版之间的链接取消,此时⧉图标会隐藏,移动图像时蒙版不跟随移动。

技巧:创建图层蒙版后,单击图像缩略图与蒙版缩略图之间的⧉图标,即可解除蒙版的链接,在⧉图标隐藏的位置单击又可重新建立链接。

例8.6　用添加图层蒙版的方法,合成图像"海底世界.jpg"和"鱼.jpg",如图 8-32(a)、(b)所示。

(a) 海底世界.jpg　　　　　　　　(b) 鱼.jpg

图 8-32　用蒙版合成前的图像

操作步骤如下:

(1) 打开图像文件"海底世界.jpg"和"鱼.jpg",选中"海底世界.jpg"为当前编辑文件,按 Ctrl+A 键将所有像素全部选中,再按 Ctrl+C 键将其复制到剪贴板中。

(2) 切换到"鱼.jpg"的工作窗口,按 Ctrl＋V 键将"海底世界.jpg"粘贴到其中,此时"海底世界.jpg"所在的图层在上,在确认"海底世界.jpg"为当前图层的情况下,单击【图层】调板底部的【添加图层蒙版】按钮 ◙。

(3) 从工具箱中选择【渐变工具】▱,将前景色设为白色、背景色设为黑色,【不透明度】设为 80％,然后在图像上通过鼠标从左上方向右下方拖曳出一条直线设置渐变区域,如图 8-33(a)所示,则【图层】调板和图像效果如图 8-33(b)、(c)所示。

(a) 在蒙版上设置渐变区域 　　　(b)【图层】调板 　　　(c) 用蒙版合成图像的效果

图 8-33　在蒙版上设置渐变区域

(4) 选中【图层】调板上的蒙版缩略图,用【前景色】为黑色的【涂抹工具】修饰蒙版,修饰前、后的图像效果如图 8-34(a)、(b)所示。

(a) 修饰前 　　　　　　　　　(b) 修饰后

图 8-34　修饰蒙版前、后的示意图

例 8.7　用【贴入】命令创建图层蒙版,在图像"海滨晚霞.jpg"上添加蒙版文字,并添加【斜面和浮雕】与【描边】的图层样式,图像效果如图 8-35 所示。

图 8-35　【贴入】命令创建蒙版示意图

操作步骤如下：

（1）打开图像文件"海滨晚霞.jpg"和"云 3.gif"，选中"海滨晚霞.jpg"为当前编辑文件，选择【横排文字蒙版工具】，在工具选项栏中设置【字体】为"华文行楷"，【大小】为 30 点，在图像右下角输入文字"海滨晚霞"，如图 8-36(a)所示。

(a) 海滨晚霞 1　　　　　　　　(b) 海滨晚霞 2　　　　　　　　(c) 云

图 8-36　创建蒙版文字示意图

（2）单击工具选项栏中的【确认】按钮✔，适当调整文字选区的位置，如图 8-36(b)所示。

（3）切换到"云 3.gif"的工作窗口，按 Ctrl＋A 键将所有像素全部选中，再按 Ctrl＋C 键将其复制到剪贴板中，如图 8-36(c)所示。

（4）切换到"海滨晚霞.jpg"的工作窗口，选择【编辑】|【贴入】命令，就可将剪贴板中云的图像粘贴到选区内，并创建蒙版，如图 8-35 所示。

（5）选择【图层】|【图层样式】|【斜面和浮雕】命令和【图层】|【图层样式】|【描边】命令，并设置合适的参数，最终图像效果如图 8-35 所示。

8.4.4　矢量蒙版及其应用

矢量蒙版的作用与图层蒙版类似，只是创建或编辑矢量蒙版时要使用【钢笔工具】或【形状工具】，选区、画笔、渐变工具不能编辑矢量蒙版。矢量蒙版可在图层上创建边缘比较清晰的形状，使用矢量蒙版创建图层之后，还可以给该图层应用一个或多个图层样式，如果需要，还可以编辑这些图层样式。

矢量蒙版可以直接创建空白蒙版和黑色蒙版，选择【图层】|【矢量蒙版】|【显示全部】命令或选择【图层】|【矢量蒙版】|【隐藏全部】命令，即可在图层中创建白色或黑色矢量蒙版，【图层】调板中的【矢量蒙版】显示效果与【图层蒙版】显示效果相同，这里就不多讲了，当在图像中创建路径后，选择【图层】|【矢量蒙版】|【当前路径】命令，即可在路径中建立矢量蒙版，如图 8-38 所示。

创建矢量蒙版后可以用【钢笔工具】等矢量编辑工具对其进行进一步编辑。

例 8.8　用矢量蒙版的方法处理图像，图像效果如图 8-37 所示。

操作步骤如下：

（1）新建一个名为"美丽的校园"，【宽度】为 24 厘米，【高度】为 16 厘米的文档。

（2）打开素材文件"玉泊湖边.jpg"，按 Ctrl＋A 键选中全部像素，按 Ctrl＋C 键复制全部像素。切换到新建的"美丽的校园"窗口，按 Ctrl＋V 键粘贴图像。

（3）选择【图层】|【添加矢量蒙版】|【显示全部】命令，则【图层】调板如图 8-38(a)所示。

（4）在工具箱中选择自定形状工具，在其中选择树叶形状，如图 8-38(b)所示。在图

图 8-37　创建矢量蒙版的示意图

 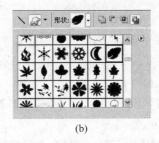 

(a)　　　　　　　　　　　(b)　　　　　　　　　　　(c)

图 8-38　添加矢量蒙版后的【图层】调板及自由形状

像上用鼠标拖曳出一个自由形状,则添加形状后的【图层】调板如图 8-38(c)所示。

(5) 用【钢笔工具】、【添加锚点工具】和【删除锚点工具】调整树叶形状,树叶形状调整前、后如图 8-39(a)、(b)图所示。按 Ctrl+T 键应用【自由变换】旋转并调整树叶的大小,如图 8-37 所示。

(a)　　　　　　　　　　　　(b)

图 8-39　调整树叶形状前、后效果图

(6) 打开素材文件"桃花.jpg",用【裁剪工具】将图像裁剪一部分,并去除背景颜色,复制处理好的图像至"美丽的校园"窗口,如图 8-37 所示。

(7) 选择【直排文字工具】,设置【字体】为"幼圆",【大小】为 36 点,【颜色】为红色,输入文字"美丽的校园"。设置【字体】为 Haettenschweiler,【大小】为 24 点,【颜色】为♯6a5558,然后输入英文域名,如图 8-37 所示。

Photoshop CS4 图形图像处理教程

8.4.5　剪贴蒙版及其应用

剪贴蒙版是一种用于混合文字、形状及图像的常用技术。剪贴蒙版由两个以上图层构成，处于下方的图层称为基层，用于控制上方的图层的显示区域，而其上方的图层则被称为内容图层。在每一个剪贴蒙版中基层只有一个，而内容图层则可以有若干个，剪贴蒙版形式多样，使用方便灵活。选择【图层】|【创建剪贴蒙版】命令，便可将当前图层创建为其下方的剪贴图层。

例 8.9　利用创建剪贴蒙版的方法制作名为"校园标志.psd"的图像文件，将图像剪贴到画笔画的图形"EC"中，如图 8-40 所示。

操作步骤如下：

（1）新建一个文档，宽度和高度分别为 8 厘米和 10 厘米，将其保存为"校园标志.psd"。

（2）创建"图层 1"，单击【画笔工具】，在工具选项栏中选择笔触为"Spatter 59px"，绘制文字"EC"，如图 8-41（a）所示。

图 8-40　"校园标志.psd"的图像

（3）打开素材文件夹中名为"花纹 1.psd"的图像文件，用【移动工具】将其拖曳到图像文件"校园标志.psd"中，调整大小后，如图 8-41（b）所示，【图层】调板如图 8-41（c）所示。

　　　　(a)　　　　　　　　　(b)　　　　　　　　　(c)

图 8-41　导入素材图像后的示意图

（4）选择"图层 2"，选择【图层】|【创建剪贴蒙版】命令，将"图层 2"剪贴到"图层 1"上，如图 8-42 所示。

（5）分别打开素材图像文件 bj2.jpg、h1.jpg 和 h2.jpg，如图 8-43 所示，用移动工具将 bj2.jpg 拖曳到图像文件"校园标志.psd"中，适当调整大小。

（6）用【魔棒工具】分别选择图像文件 h1.jpg、h2.jpg 中的建筑图像像素，复制到图像文件"校园标志.psd"中。

（7）如同步骤（4），分别选中"图层 3"、"图层 4"、"图层 5"，选择【图层】|【创建剪贴蒙版】

图 8-42 "图层 2"剪贴到"图层 1"上

(a) 图像 h1.jpg

(b) 图像 h2.jpg

(c) 图像 bj2.jpg

图 8-43 三个素材文件

命令,将"图层 3"、"图层 4"、"图层 5"剪贴到"图层 1"上,调整这些层在【图层】调板中的顺序,调整层中对象的位置效果如图 8-44(a)所示,【图层】调板如图 8-44(b)所示。

(a)　　　　　(b)

图 8-44 创建多个剪贴蒙版

(8) 设置字体为 Haettenschweiler、粗体,颜色为黑色,分别输入如图 8-40 所示的文字 "ECUPL. EDU. CN",调整文字的大小与位置。保存图像文件"校园标志.psd"。

8.5　本章小结

　　通道、蒙版与图层在 Photoshop CS4 中起着举足轻重的作用,这三者结合起来运用可以创建出灵活多变、具有视觉冲击感的图像效果。

　　本章主要介绍了通道的建立与应用。通道的新建、复制、删除等编辑操作与图层的相关操作类似。蒙版与选区有些相似,但是也有区别。选区表示操作方向,即对所选区域进行操作;蒙版正好相反,是对所选区域进行保护,让其免予操作。利用蒙版可以方便地创建和编辑选区,同时可以将制作的选区保存在通道面板中,以便日后再次利用,还可以进行图像的合成等。本章还介绍了快速蒙版、图层蒙版、矢量蒙版与剪贴蒙版的建立与编辑。

第 9 章 滤镜的应用

本章学习重点：
- 了解滤镜的使用规则；
- 掌握各种常用滤镜的使用方法；
- 掌握外挂滤镜的安装及使用方法。

9.1 滤 镜 概 述

滤镜是 Photoshop 中一种特殊的软件处理模块，利用滤镜不仅可以修饰图像的效果并掩盖其缺陷，还可以快速制作一些特殊的效果，如动感模糊效果、光照效果、图章效果、壁画效果等。滤镜在创作中具有强大的特效功能从而备受用户的青睐。

Photoshop 滤镜分为内置滤镜和外挂滤镜两种，内置滤镜是 Adobe 公司在开发 Photoshop 时添加的滤镜效果，外挂滤镜是第三方公司提供的滤镜。

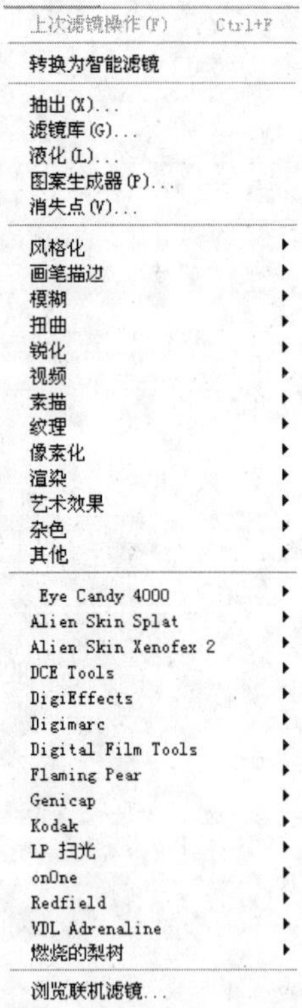

9.1.1 滤镜菜单

单击【滤镜】菜单，会弹出如图 9-1 所示的下拉菜单。
Photoshop CS4 的滤镜菜单由以下 5 个部分组成。
（1）上次执行的滤镜命令。
（2）将智能滤镜应用于智能对象图层的命令。
（3）5 种特殊的 Photoshop CS4 滤镜命令。
（4）13 种 Photoshop CS4 滤镜组，每个滤镜组都包含若干滤镜子菜单。
（5）作品保护滤镜。

9.1.2 使用规则

在使用 Photoshop 的滤镜命令时，需要注意以下这些操作

上次滤镜操作(F)　　　Ctrl+F

转换为智能滤镜

抽出(X)...
滤镜库(G)...
液化(L)...
图案生成器(P)...
消失点(V)...

风格化　　▶
画笔描边　▶
模糊　　　▶
扭曲　　　▶
锐化　　　▶
视频　　　▶
素描　　　▶
纹理　　　▶
像素化　　▶
渲染　　　▶
艺术效果　▶
杂色　　　▶
其他　　　▶

Eye Candy 4000　　▶
Alien Skin Splat
Alien Skin Xenofex 2
DCE Tools　　　　　▶
DigiEffects
Digimarc　　　　　▶
Digital Film Tools
Flaming Pear　　　▶
Genicap
Kodak　　　　　　▶
LP 扫光
onOne　　　　　　▶
Redfield　　　　　▶
VDL Adrenaline　　▶
燃烧的梨树

浏览联机滤镜...

图 9-1 【滤镜】下拉菜单

规则：

（1）滤镜的处理是以像素为单位的，所以其处理效果与图像的分辨率有关。相同的滤镜参数处理不同分辨率的图像，其效果也不相同。

（2）Photoshop CS4 会针对选取区域进行滤镜效果处理，如果没有定义选区，滤镜将对整个图像做处理。如果当前选中的是某一图层或某一通道，则只对当前图层或通道起作用。

（3）如果只对局部图像进行滤镜效果处理，可以为选区设定羽化值，使处理后的区域能自然地与原图像融合，减少突兀的感觉。

（4）当至少执行过一次滤镜命令后，【滤镜】菜单的第一行将自动记录最近一次滤镜操作，直接单击该命令或使用 Ctrl＋F 键可快速地重复执行相同的滤镜命令。

（5）使用【编辑】菜单中的【后退一步】、【前进一步】命令可对比执行滤镜前后的效果。

（6）在【位图】和【索引颜色】的色彩模式下不能使用滤镜。此外，不同的色彩模式，滤镜的使用范围也不同，在【CMYK 颜色】和【Lab 颜色】模式下，部分滤镜不可用，如【画笔描边】、【纹理】、【艺术效果】等。

9.2　各种常用滤镜

在 Photoshop CS4 中，常用的内置滤镜有【像素化】、【扭曲】、【杂色】、【模糊】、【渲染】等13 种滤镜。

9.2.1　像素化滤镜

像素化滤镜的作用是将图像以其他形状的元素重新再现出来。它并不是真正地改变了图像像素点的形状，只是在图像中表现出某种基础形状的特征，形成一些类似像素化的形状变化。此类滤镜共 7 个具体滤镜效果：

（1）【彩块化】滤镜没有对话框控制选项。该滤镜可将图像中纯色或相近颜色的像素结成相近颜色的像素块，使颜色变化更平展。应用【彩块化】滤镜的效果如图 9-2 所示。

图 9-2　【彩块化】滤镜执行效果

（2）【彩色半调】滤镜模拟在图像的每个通道上使用放大的半调网屏的效果。对于每个通道,滤镜将图像划分为矩形,并用圆形替换每个矩形。应用【彩色半调】滤镜的效果如图 9-3 所示。

（3）【晶格化】滤镜可以使像素结块形成多边形纯色。应用【晶格化】滤镜后的效果如图 9-4 所示。

图 9-3 【彩色半调】滤镜执行效果　　　　图 9-4 【晶格化】滤镜执行效果

（4）【点状化】滤镜将图像中的颜色分解为随机分布的网点,如同点状化绘画一样,并使用背景色作为网点之间的画布区域。应用【点状化】滤镜后的效果如图 9-5 所示。

（5）【碎片】滤镜可以创建选区中像素的 4 个副本,并使其相互偏移,使图像产生一种不聚焦效果,如图 9-6 所示。

图 9-5 【点状化】滤镜执行效果　　　　图 9-6 【碎片】滤镜执行效果

（6）【铜版雕刻】滤镜可以在图像中随机产生线和点,生成一种金属版印刷的效果。灰度图应用此滤镜将产生黑白图像;彩色图像应用此滤镜将对各色彩通道进行处理,再合成。应用【铜版雕刻】滤镜后的效果如图 9-7 所示。

（7）【马赛克】滤镜根据设置的参数使像素结为方形块,模拟马赛克效果,如图 9-8 所示。

图 9-7 【铜版雕刻】滤镜执行效果

图 9-8 【马赛克】滤镜执行效果

9.2.2 扭曲滤镜

扭曲滤镜可以将图像进行几何扭曲,创建 3D 或其他变形效果。此类滤镜共 13 个具体滤镜效果:

(1)【切变】滤镜可通过拖移【切变】对话框(如图 9-9 所示)中的线条来扭曲一幅图像。

应用【切变】滤镜后的效果如图 9-10 所示。

(2)【扩散亮光】滤镜添加透明的白杂色,使图像较亮区域产生一种光照效果。应用【扩散】滤镜后的效果如图 9-11 所示。

(3)【挤压】滤镜将整个图像或选区产生一种向内或向外挤压的效果。应用【挤压】滤镜后的效果如图 9-12 所示。

(4)【旋转扭曲】滤镜能产生旋转扭曲的效果。应用【旋转扭曲】滤镜后的效果如图 9-13 所示。

(5)【极坐标】滤镜根据选中的选项,使图像在直角坐标系和极坐标系之间进行转换,如图 9-14 所示。

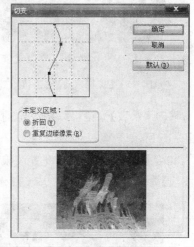

图 9-9 【切变】对话框

图 9-10 【切变】滤镜执行效果

图 9-11 【扩散亮光】滤镜执行效果

图 9-12 【挤压】滤镜执行效果

图 9-13 【旋转扭曲】滤镜执行效果

图 9-14 【极坐标】滤镜执行效果

（6）【水波】滤镜可以按设定的参数对选区进行径向扭曲。应用【水波】滤镜后的效果如图 9-15 所示。

（7）【波浪】滤镜通过设置波浪生成器的数目、波长等参数产生不同的波动效果。应用【波浪】滤镜后的效果如图 9-16 所示。

图 9-15 【水波】滤镜执行效果

图 9-16 【波浪】滤镜执行效果

（8）【波纹】滤镜可以在选区上创建波纹起伏的效果。应用【波纹】滤镜后的效果如图 9-17 所示。

（9）【海洋波纹】滤镜将随机分割的波纹添加到图像表面，产生海洋表面的波纹效果。应用【海洋波纹】滤镜后的效果如图 9-18 所示。

图 9-17 【波纹】滤镜执行效果

图 9-18 【海洋波纹】滤镜执行效果

（10）【玻璃】滤镜给图像添加一系列细小纹理，产生透过玻璃观察图片的效果。应用
【玻璃】滤镜后的效果如图 9-19 所示。

（11）【球面化】滤镜通过将选区折成球形，产生一种挤压效果。应用【球面化】滤镜后的
效果如图 9-20 所示。

图 9-19 【玻璃】滤镜执行效果

图 9-20 【球面化】滤镜执行效果

（12）【置换】滤镜使用置换图中的颜色值改变选区，产生不定方向的位移效果。该滤镜
除了一个进行位移变形的图像文件外，还需要一个决定变形效果的图像文件才能完成。在
打开的【置换】对话框中单击【确定】按钮，弹出【选择一个置换图】对话框，如图 9-21 所示，选
择决定变形效果的文件，单击【打开】按钮，效果如图 9-22 所示。

图 9-21 【选择一个置换图】对话框

图 9-22 【置换】滤镜执行效果

（13）【镜头校正】滤镜用于修复一些常见的镜头瑕疵。打开【镜头校正】对话框，按图 9-23 所示调整【移去扭曲】参数，得到如图 9-24 所示的效果。

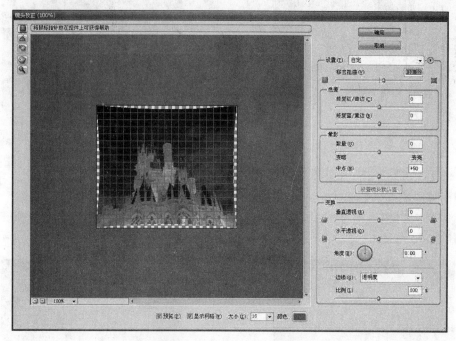

图 9-23　【镜头校正】对话框

图 9-24　【镜头校正】滤镜执行效果

9.2.3　杂色滤镜

Photoshop 提供的杂色滤镜用于添加或移去图像的杂色或带有随机分布色阶的像素，创建特殊的纹理效果或用来除去图像中的杂点，如划痕、斑点等。此类滤镜共 5 个具体滤镜效果：

（1）【中间值】滤镜通过混合选区中像素的亮度来减少图像的杂色。应用【中间值】滤镜的效果如图 9-25 所示。

（2）【减少杂色】滤镜用于减少图像中不需要或者多余的部分。应用该滤镜的效果如

图 9-25 【中间值】滤镜执行效果

图 9-26 所示。

（3）【去斑】滤镜通过模糊图像的方法消除图像中的斑点，并保留图像的细节。应用【去斑】滤镜后的效果如图 9-27 所示。

图 9-26 【减少杂色】滤镜执行效果　　　　图 9-27 【去斑】滤镜执行效果

（4）【添加杂色】滤镜将随机像素添加到图像中，产生纹理斑的颗粒效果。应用【添加杂色】滤镜后的效果如图 9-28 所示。

（5）【蒙尘与划痕】滤镜通过更改相异的像素来减少杂色，效果如图 9-29 所示。

图 9-28 【添加杂色】滤镜执行效果　　　　图 9-29 【蒙尘与划痕】滤镜执行效果

9.2.4　模糊滤镜

模糊滤镜通过将图像中定义线条和阴影区域邻近的像素平均，柔化选区或整个图像。模糊滤镜对修饰图像非常有用。此类滤镜共 11 个具体滤镜效果：

（1）【动感模糊】滤镜沿指定方向按指定强度进行模糊，创建抓拍正处于运动状态物体的效果。应用【动感模糊】滤镜后的效果如图 9-30 所示。

（2）【平均】滤镜将图像中的色彩平均，并以平均色填充图像，效果如图9-31所示。

图9-30　【动感模糊】滤镜执行效果　　　　　　　图9-31　【平均】滤镜执行效果

（3）【形状模糊】滤镜按照选择的形状对图像进行模糊处理。打开【形状模糊】对话框，选择其中一种形状，如图9-32所示，单击【确定】按钮后的效果如图9-33所示。

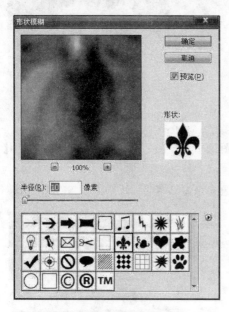

图9-32　【形状模糊】对话框　　　　　　　　　图9-33　【形状模糊】滤镜执行效果

（4）【径向模糊】滤镜模拟缩放或旋转的相机产生的模糊，效果如图9-34所示。

（5）【方框模糊】滤镜用基于相邻像素的平均值来模糊图像，效果如图9-35所示。

（6）【模糊】滤镜能降低图像的对比度，平衡边缘过于清晰或对比度过强的像素，产生模糊效果，效果如图9-36所示。

（7）【进一步模糊】滤镜能够使图像变得更加模糊，执行一次该命令的模糊程度比【模糊】滤镜强3～4倍。应用【进一步模糊】滤镜后的效果如图9-37所示。

（8）【特殊模糊】滤镜能确定图像的边缘，仅对边界线以内的区域作模糊处理，使处理后的图像仍有清晰的边界。应用【特殊模糊】滤镜后的效果如图9-38所示。

（9）【表面模糊】滤镜主要对图像的表面进行处理，效果如图9-39所示。

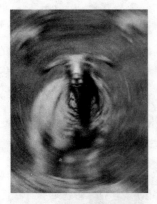

图 9-34 【径向模糊】滤镜
执行效果

图 9-35 【方框模糊】滤镜
执行效果

图 9-36 【模糊】滤镜
执行效果

图 9-37 【进一步模糊】滤镜
执行效果

图 9-38 【特殊模糊】滤镜
执行效果

图 9-39 【表面模糊】滤镜
执行效果

（10）【镜头模糊】滤镜向图像中添加模糊以产生更窄的景深效果，使图像中一些对象在焦点内，而使另一些区域变模糊。应用【镜头模糊】滤镜后的效果如图 9-40 所示。

（11）【高斯模糊】滤镜利用高斯曲线对图像像素值进行计算处理，有选择地模糊图像，如图 9-41 所示。

图 9-40 【镜头模糊】滤镜执行效果

图 9-41 【高斯模糊】滤镜执行效果

9.2.5　渲染滤镜

渲染滤镜在图像中创建 3D 形状、云彩图案、折射图案和模拟的光反射,还可以在图像中产生光线照明的效果。此类滤镜共 6 个具体滤镜效果:

(1)【云彩】滤镜利用前景色和背景色之间的随机像素值将图像转换成柔和的云彩。应用【云彩】滤镜后的效果如图 9-42 所示。

图 9-42　【云彩】滤镜执行效果

(2)【光照效果】滤镜的主要作用是产生光照效果,通过光源、光色选择、聚焦、定义物体反射特性等的设定来达到三维绘画效果。此滤镜的对话框如图 9-43 所示,应用【光照效果】滤镜后的效果如图 9-44 所示。

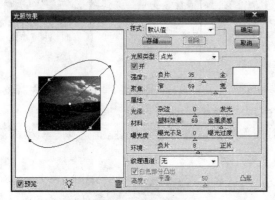

图 9-43　【光照效果】对话框　　　　　　　图 9-44　【光照效果】滤镜执行效果

(3)【分层云彩】滤镜利用前景色和背景色之间的随机像素值将图像转换成云彩,并与原图像像素值进行差值运算后产生的一种奇特的云彩效果。应用【分层云彩】滤镜后的效果如图 9-45 所示。

(4)【纤维】滤镜利用前景色和背景色之间的随机像素值将图像转换成类似纤维的条纹状,如图 9-46 所示。

(5)【镜头光晕】滤镜可以用来模拟逆光拍照时光线直射相机镜头所拍摄出带有光晕的图像效果。应用【镜头光晕】滤镜后的效果如图 9-47(a)所示。

图 9-45 【分层云彩】滤镜执行效果

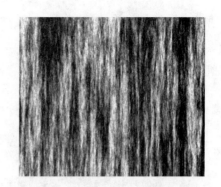

图 9-46 【纤维】滤镜执行效果

(a)【镜头光晕】滤镜执行效果

(b)【3D 变换】滤镜执行效果

图 9-47 【镜头光晕】与【3D 变换】滤镜执行效果

（6）【3DTransform】(3D 变换)滤镜可以将图像映射为立方体、球体和圆柱体,并且可以对其中的图像进行三维旋转,此滤镜不能应用于 CMYK 和 Lab 模式的图像。应用【3D 变换】滤镜后的效果如图 9-47(b)所示。

9.2.6 画笔描边滤镜

画笔描边滤镜共有 8 种,其作用是利用不同的油墨和笔刷勾画图像,产生画笔绘出的艺术效果。

（1）【喷溅】滤镜可以使图像产生经过喷水枪喷射后而形成的笔墨喷溅的效果。应用【喷溅】滤镜后的效果如图 9-48 所示。

图 9-48 【喷溅】滤镜执行效果

（2）【喷色描边】滤镜可以产生按照一定角度喷色线条的效果，如图 9-49 所示。

（3）【墨水轮廓】滤镜可以使图像产生钢笔油墨画的风格。应用【墨水轮廓】滤镜后的效果如图 9-50 所示。

图 9-49 【喷色描边】滤镜执行效果　　　　图 9-50 【墨水轮廓】滤镜执行效果

（4）【强化的边缘】滤镜将强化图像的不同颜色的边界，效果如图 9-51 所示。

（5）【成角的线条】滤镜使用对角描边重新绘制图像。应用【成角的线条】滤镜后的效果如图 9-52 所示。

图 9-51 【强化的边缘】滤镜执行效果　　　　图 9-52 【成角的线条】滤镜执行效果

（6）【深色线条】滤镜可以使图像产生一种很强的黑色阴影。应用【深色线条】滤镜后的效果如图 9-53 所示。

（7）【烟灰墨】滤镜可以通过计算图像像素颜色值的分布，对图像进行概括性的描绘，看起来是用饱含油墨的画笔在宣纸上绘画的效果。应用【烟灰墨】滤镜后的效果如图 9-54 所示。

图 9-53 【深色线条】滤镜执行效果　　　　图 9-54 【烟灰墨】滤镜执行效果

Photoshop CS4 图形图像处理教程

（8）【阴影线】滤镜保留原始图像的细节和特征，同时使用模拟的铅笔阴影线添加纹理，产生交叉网状的效果，如图9-55所示。

图9-55 【阴影线】滤镜执行效果　　　　　图9-56 【便条纸】滤镜执行效果

9.2.7　素描滤镜

素描滤镜共有14种，该滤镜使用前景色和背景色替代图像的颜色，模拟素描、手工速写等艺术效果。

（1）【便条纸】滤镜能产生类似于用手工制成的纸张构建的图像的效果。应用【便条纸】滤镜后的效果如图9-56所示。

（2）【半调图案】滤镜使图像在保持连续的色调范围的同时，模拟一种半调网屏的效果，如图9-57所示。

（3）【图章】滤镜能产生一种模拟印章画的效果。印章部分是前景色，其余为背景色。应用【图章】滤镜后的效果如图9-58所示。

图9-57 【半调图案】滤镜执行效果　　　　　图9-58 【图章】滤镜执行效果

（4）【基底凸现】滤镜使图像呈现一种浅浮雕的雕刻效果，用前景色填充较暗的区域，用背景色填充较亮的区域，如图9-59所示。

（5）【塑料效果】滤镜按塑料效果塑造图像，高亮区域显示背景色，阴暗区域显示前景色。应用【塑料效果】滤镜后的效果如图 9-60 所示。

（6）【影印】滤镜模拟一种影印图像的效果，使用前景色来显示图像高亮区域，使用背景色来显示图像阴暗区域。应用【影印】滤镜后的效果如图 9-61 所示。

图 9-59　【基底凸现】滤镜　　　　图 9-60　【塑料效果】滤镜　　　　图 9-61　【影印】滤镜
　　　　　　执行效果　　　　　　　　　　　执行效果　　　　　　　　　　　执行效果

（7）【撕边】滤镜用粗糙、撕破的纸片状重建图像，再用前景色和背景色为图像着色，效果如图 9-62 所示。

（8）【水彩画笔】滤镜能产生一种画面被水淋湿，纸张纤维扩散的效果。应用【水彩画笔】滤镜后的效果如图 9-63 所示。

（9）【炭笔】滤镜可以使图像产生一种用炭笔勾勒出的草图效果。应用【炭笔】滤镜后的效果如图 9-64 所示。

图 9-62　【撕边】滤镜　　　　　图 9-63　【水彩画笔】滤镜　　　　图 9-64　【炭笔】滤镜
　　　　　执行效果　　　　　　　　　　执行效果　　　　　　　　　　　执行效果

（10）【炭精笔】滤镜在图像的暗区使用前景色，在亮区使用背景色，在图像上会出现模拟炭精笔纹理，效果如图 9-65 所示。

（11）【粉笔和炭笔】滤镜产生一种用粉笔和炭笔涂抹的草图效果，使用前景色为炭笔颜色,背景色为粉笔颜色来绘制图像。应用该滤镜后的效果如图 9-66 所示。

（12）【绘图笔】滤镜可以使图像产生一种素描勾绘的画面效果,并使用前景色为笔画颜色,背景色为纸张颜色来替换原图颜色。应用【绘图笔】滤镜后的效果如图 9-67 所示。

图 9-65 【炭精笔】滤镜　　　　图 9-66 【粉笔和炭笔】滤镜　　　　图 9-67 【绘图笔】滤镜
　　　　执行效果　　　　　　　　　　执行效果　　　　　　　　　　　执行效果

（13）【网状】滤镜产生一种如同透过网格向纸张上添加涂料的效果,使阴暗部分呈结块状,高亮部分呈一定的颗粒状,如图 9-68 所示。

（14）【铬黄】滤镜可以产生磨光的铬黄表面的效果。应用【铬黄】滤镜后的效果如图 9-69 所示。

 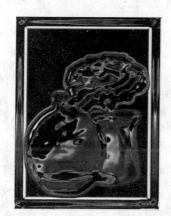 

图 9-68 【网状】滤镜　　　　图 9-69 【铬黄】滤镜　　　　图 9-70 【拼缀图】滤镜
　　　　执行效果　　　　　　　　　执行效果　　　　　　　　　执行效果

9.2.8　纹理滤镜

纹理滤镜一共有 6 种滤镜效果,其主要功能是在图像中加入各种纹理。

（1）【拼缀图】滤镜将图像分为一个个小方块,每个小方块内的颜色由该区域的主色填充,并在方块之间增加深色缝隙,产生一种贴瓷砖的效果。应用【拼缀图】滤镜后的效果如图 9-70 所示。

（2）【彩色玻璃】滤镜将图像重绘为不规则分离的彩色玻璃格子，并用前景色来填充相邻单元格之间的缝隙，效果如图 9-71 所示。

（3）【纹理化】滤镜可以将选择或创建的纹理应用于图像。应用【纹理化】滤镜后的效果如图 9-72 所示。

（4）【颗粒】滤镜可以为图像添加颗粒效果，如图 9-73 所示。

图 9-71 【彩色玻璃】滤镜 　　　图 9-72 【纹理化】滤镜 　　　图 9-73 【颗粒】滤镜
　　　执行效果 　　　　　　　　　　执行效果 　　　　　　　　　　执行效果

（5）【马赛克拼贴】滤镜将图像分割为小的碎片，并在碎片之间增加深色缝隙，产生马赛克拼贴的效果。应用【马赛克拼贴】滤镜后的效果如图 9-74 所示。

（6）【龟裂缝】滤镜以随机的方式在图像中生成龟裂纹理，并能产生浮雕效果。应用【龟裂缝】滤镜后的效果如图 9-75 所示。

图 9-74 【马赛克拼贴】滤镜执行效果 　　　　图 9-75 【龟裂缝】滤镜执行效果

9.2.9　艺术效果滤镜

艺术效果滤镜可以为图像制作绘画效果或艺术效果。此类滤镜共 15 个具体滤镜效果。

（1）【塑料包装】滤镜可以给图像增加蒙着一层塑料的效果，如图 9-76 所示。

　────　Photoshop CS4 图形图像处理教程

图 9-76 【塑料包装】滤镜执行效果

（2）【壁画】滤镜可以使图像产生一种古壁画的效果，如图 9-77 所示。

（3）【干画笔】滤镜可以模拟一种干画笔（介于油彩和水彩之间）绘画时涂抹的效果。应用【干画笔】滤镜后的效果如图 9-78 所示。

图 9-77 【壁画】滤镜执行效果　　　　　图 9-78 【干画笔】滤镜执行效果

（4）【底纹效果】滤镜模拟在带纹理的背景上绘制图像，如图 9-79 所示。

（5）【彩色铅笔】滤镜可以模拟彩色铅笔在纯色背景上绘制图像的效果。应用【彩色铅笔】滤镜后的效果如图 9-80 所示。

图 9-79 【底纹效果】滤镜执行效果　　　　图 9-80 【彩色铅笔】滤镜执行效果

（6）【木刻】滤镜可以使图像产生剪纸画或木刻的效果。应用【木刻】滤镜后的效果如图 9-81 所示。

（7）【水彩】滤镜以水彩的风格绘制图像，如图 9-82 所示。

图 9-81　【木刻】滤镜执行效果

图 9-82　【水彩】滤镜执行效果

（8）【海报边缘】滤镜根据设置的海报化选项减少图像的颜色，查找图像的边缘，并在边缘上绘制黑色的线条。应用【海报边缘】滤镜后的效果如图 9-83 所示。

（9）【海绵】滤镜可以创建带对比颜色的强纹理图像，并能调整图像中颜色的平滑过渡，使图像产生用海绵润湿的效果。应用【海绵】滤镜后的效果如图 9-84 所示。

图 9-83　【海报边缘】滤镜执行效果

图 9-84　【海绵】滤镜执行效果

（10）【涂抹棒】滤镜创建一种类似于用蜡笔或粉笔在纸上涂抹的效果，如图 9-85 所示。

（11）【粗糙蜡笔】滤镜可以在带纹理的背景上应用粉笔描边，高亮区域隐藏纹理，阴暗区域露出纹理。应用【粗糙蜡笔】滤镜后的效果如图 9-86 所示。

（12）【绘画涂抹】滤镜可以选用各种大小和类型的画笔使图像产生模糊的效果。应用【绘画涂抹】滤镜后的效果如图 9-87 所示。

（13）【胶片颗粒】滤镜将一种平滑图案应用于阴暗色调和中间色调，产生一种颗粒纹理的效果，如图 9-88 所示。

图 9-85 【涂抹棒】滤镜执行效果

图 9-86 【粗糙蜡笔】滤镜执行效果

图 9-87 【绘画涂抹】滤镜执行效果

图 9-88 【胶片颗粒】滤镜执行效果

（14）【调色刀】滤镜可以将图像中相近的颜色融合，减少图像中的细节，模拟一种把颜料涂抹在画布上的效果。应用【调色刀】滤镜后的效果如图 9-89 所示。

（15）【霓虹灯光】滤镜可以对图像添加不同类型的霓虹灯发光效果。应用【霓虹灯光】滤镜后的效果如图 9-90 所示。

图 9-89 【调色刀】滤镜执行效果

图 9-90 【霓虹灯光】滤镜执行效果

9.2.10　视频滤镜

视频滤镜有两种,属于 Photoshop 的外部接口程序,主要用来处理从摄像机输入或是要输出到录像带上的图像。

(1)【NTSC 颜色】滤镜的作用是将图像中的某些颜色转换为适合视频输出的要求,与 NTSC 视频标准相匹配的颜色。

(2)【逐行】滤镜可以用来矫正视频图像中锯齿或跳跃的画面,使图像更平滑。

9.2.11　锐化滤镜

锐化滤镜通过增加相邻像素的对比度来聚焦模糊的图像,使图像更清晰。包括 5 种锐化效果。

(1)【USM 锐化】滤镜通过调整图像边缘的锐化程度,产生一种更清晰的图像效果。应用【USM 锐化】滤镜后的效果如图 9-91 所示。

图 9-91　【USM 锐化】滤镜执行效果

(2)【智能锐化】滤镜通过用户自定义锐化参数进行锐化,效果如图 9-92 所示。

(3)【锐化】滤镜可以聚焦选区,增加图像的清晰度,效果如图 9-93 所示。

图 9-92　【智能锐化】滤镜执行效果　　　　图 9-93　【锐化】滤镜执行效果

(4)【进一步锐化】滤镜的作用跟【锐化】滤镜类似,但可以产生更强烈的锐化效果,使图像更清晰,效果如图 9-94 所示。

(5)【锐化边缘】滤镜只对图像的轮廓加以锐化,使不同颜色之间的分界更明显,从而使图像更清晰。应用【锐化边缘】滤镜后的效果如图 9-95 所示。

图 9-94 【进一步锐化】滤镜执行效果　　　　图 9-95 【锐化边缘】滤镜执行效果

9.2.12　风格化滤镜

风格化滤镜共有 9 种效果,该组滤镜可以置换图像的像素,增强像素的对比度,产生印象派及其他风格的艺术效果。

(1)【凸出】滤镜可以给选区或图层增加一种三维纹理效果。应用【凸出】滤镜后的效果如图 9-96 所示。

图 9-96 【凸出】滤镜执行效果

(2)【扩散】滤镜可以搅乱图像中的像素,模拟一种透过磨砂玻璃看图像的模糊效果,如图 9-97 所示。

(3)【拼贴】滤镜能模拟一种由瓷砖方块拼贴出来的图像效果。其间的缝隙可选用不同颜色或图像来填充。应用【拼贴】滤镜后的效果如图 9-98 所示。

(4)【曝光过度】滤镜可以产生正片和负片混合的图像效果,类似于摄影时由于光线过强引起的过度曝光,效果如图 9-99 所示。

(5)【查找边缘】滤镜主要用来搜索颜色像素对比度变化强烈的边界,将高对比度区域变成黑色,低对比度区域变成白色,中等对比度区域变成灰色,产生一种铅笔勾画轮廓的效果。应用【查找边缘】滤镜后的效果如图 9-100 所示。

图 9-97 【扩散】滤镜执行效果

图 9-98 【拼贴】滤镜执行效果

图 9-99 【曝光过度】滤镜执行效果

图 9-100 【查找边缘】滤镜执行效果

（6）【浮雕效果】滤镜将选区的填充色转换为灰色，并用原填充色描绘边缘，从而使选区产生凸起或压低的浮雕效果，如图 9-101 所示。

（7）【照亮边缘】滤镜可以搜索颜色像素对比度变化强烈的边界，将高对比度区域边缘变成白色，低对比度区域边缘变成黑色，产生一种轮廓发光的效果。应用【照亮边缘】滤镜后的效果如图 9-102 所示。

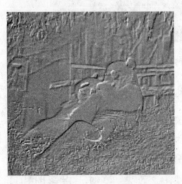

图 9-101 【浮雕效果】滤镜执行效果

图 9-102 【照亮边缘】滤镜执行效果

（8）【等高线】滤镜能在图像中查找主要亮度区域的转换，并为每个颜色通道勾画出淡淡的轮廓，得到与等高线图中的线条类似的效果，如图 9-103 所示。

（9）【风】滤镜通过在图像中增加一些细小的水平线，模拟一种风的效果。应用【风】滤镜后的效果如图 9-104 所示。

图 9-103 【等高线】滤镜执行效果

图 9-104 【风】滤镜执行效果

9.2.13 其他滤镜

【其他】滤镜包含 5 个子滤镜,用户可以使用该组滤镜创建一些特殊的效果。

(1)【位移】滤镜可以将图像像素按照设定的数值在水平和垂直方向上移动一定的距离,产生具有填充效果的位移效果。

(2)【最大值】滤镜可以放大图像中较亮的区域,减少较暗的区域。

(3)【最小值】滤镜与【最大值】滤镜恰好相反,可以放大图像中较暗的区域,减少较亮的区域。

(4)【自定义】滤镜可以创建由用户自己定义的滤镜,可使生成的图像具有锐化、模糊或浮雕的效果。

(5)【高反差保留】滤镜可以用于在图像颜色变化频率高的地方按照指定的半径保留边缘细节,而不显示图像中颜色变化频率低的部分。

9.3 抽出与液化

9.3.1 抽出滤镜

【抽出】滤镜可以将图像中对象与背景分离,即使对于边缘细微和复杂的对象也能达到满意的效果。下面通过实际操作来了解抽出滤镜的功能和使用方法。

(1)打开素材图片,选择【抽出】滤镜,调整画笔大小为 6,利用【边缘高光器】工具 沿对象边缘绘制,再选择【填充】工具 ,在被选定的轮廓上单击填充颜色,如图 9-105 所示。

(2)单击【确定】按钮后,将对象抽出,效果如图 9-106 所示。

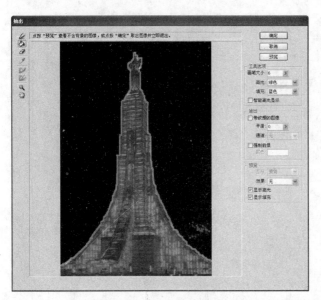

图 9-105　【抽出】滤镜对话框　　　　　　　　图 9-106　【抽出】滤镜执行效果

9.3.2　液化滤镜

　　【液化】滤镜可以对图像进行液化变形处理,产生扭曲、膨胀、褶皱等效果。打开【液化】滤镜对话框,如图 9-107 所示。设置相应参数后,选择其中的【向前变形工具】在图像上涂抹,效果如图 9-108 所示。

图 9-107　【液化】滤镜对话框　　　　　　　　图 9-108　【液化】滤镜执行效果

9.4 图案生成器

【图案生成器】滤镜可以在图像中提出样本并制作出图案。制成的图案效果取决于样本中的像素,应用图案可以实现拼贴块与拼贴块之间的无缝连接的效果。用户还可将创建的图案存储为预设图案以方便日后使用。

选择【图案生成器】滤镜,打开对话框,如图 9-109 所示,选择一个矩形区域后,单击【生成】按钮,得到的最终效果如图 9-110 所示。

图 9-109 【图案生成器】滤镜对话框

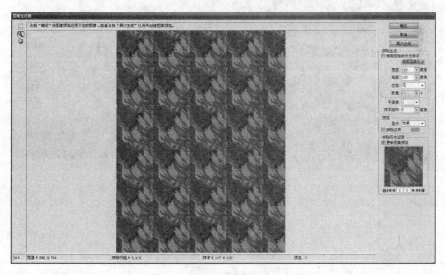

图 9-110 【图案生成器】滤镜执行效果

9.5　作品保护滤镜

【作品保护】(Digimarc)滤镜用于在制作的图像中加入或阅读有关著作权的信息,包括两个子滤镜:

- 【嵌入水印】滤镜:在图像中加入数码水印和著作权信息。
- 【阅读水印】滤镜:阅读图像中的数码水印内容。

9.6　滤镜库与消失点

9.6.1　滤镜库

滤镜库可提供许多特殊效果的滤镜预览。用户可以应用多个滤镜打开或关闭滤镜的效果,还可以重新排列滤镜并更改已应用的每个滤镜的设置,以便实现所需的效果,图 9-111 中显示了滤镜库中常用的内容。

图 9-111　滤镜库

9.6.2　消失点

消失点命令可以对图片进行透视克隆处理。下面通过实际操作来了解消失点的使用方法。

（1）打开【消失点】对话框，如图 9-112 所示。

图 9-112　【消失点】滤镜菜单

（2）单击【创建平面工具】按钮可以为图像绘制透视平面轮廓，并通过【编辑平面工具】进行调整，图 9-112 是以地板做参照物绘制的蓝色格线。

（3）单击【图章工具】按钮，按 Alt 键的同时单击预览图像设置参考点，如图 9-113 所示。

图 9-113　设置参考点

（4）在图中扫帚处进行涂抹来克隆参考点处的图像，效果如图 9-114 所示。

图 9-114　【消失点】滤镜执行效果

9.7　转换为智能滤镜

　　转换为智能滤镜是 Adobe Photoshop CS4 新增的一个功能，该命令除了可以直接为图像添加滤镜效果外，还可以将图像转换为智能对象，然后为智能对象添加滤镜效果。使用智能滤镜用户可以随时对添加的滤镜进行调整、移除或隐藏等操作。

　　下面通过一个简单例子来学习【转换为智能滤镜】的使用。

　　（1）打开素材文件，选择【转换为智能滤镜】，背景图层转换为智能对象图层，并在缩略图上显示图标，如图 9-115 所示。

图 9-115　应用【转换为智能滤镜】缩略图显示

　　（2）选择【滤镜】|【画笔描边】|【阴影线】，为图像添加滤镜效果，这时，刚添加的智能滤镜将出现在图层调板中智能对象图层的下方，如图 9-116 所示。

　　（3）在图层调板中双击智能滤镜可以对滤镜选项进行设置，双击调板上的滤镜名，可以对相应滤镜进行设置，单击滤镜左边的眼睛图标，可以将滤镜效果隐藏，再次单击则再次显示。

　　（4）切换到通道调板，在调板中自动生成一个如图 9-117 所示的通道，编辑该通道即是编辑图层 0 的滤镜蒙版。

图 9-116 应用【转换为智能滤镜】的图层调板

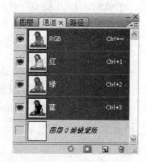
图 9-117 【图层 0 滤镜蒙版】通道

9.8 外挂滤镜的应用

Photoshop 之所以精彩,在某种程度上归功于其滤镜灵活的扩展性。除了可以使用本身自带的滤镜外,Photoshop 还允许用户安装第三方公司提供的外挂滤镜,利用这些外挂滤镜,可以制作出更多的特殊效果。

外挂滤镜的安装方法是:对于简单的未带安装程序的滤镜,用户只需将相应的滤镜文件(扩展名为.8BF)复制到安装目录【Adobe\Adobe Photoshop CS4\Plug-Ins\滤镜】文件夹中即可;对于复杂的带有安装程序的滤镜,运行 setup.exe,并将安装路径设置为【Adobe\Adobe Photoshop CS4\Plug-Ins】。

这里介绍两种比较有特色的外挂滤镜。

9.8.1 KPT 7.0 滤镜

Metacreations 公司的 KPT(Kai's Power Tools)系列是第三方滤镜中的佼佼者,Photoshop 最著名的滤镜。最新的 KPT 7.0 版本更是滤镜中的极品。

安装好 KPT 7.0 滤镜以后,在滤镜菜单下就多了一个 KPT effects 选项。点击 KPT effects 选项,就可以看到 KPT 系列滤镜。

在 KPT 7.0 系列滤镜中一共包括了 9 个滤镜,分别为 Channel Surfing、Fluid、Frax Flame Ⅱ、Gradient Lab、Hyper tiling、Ink Dropper、Lightning、Pyramid、Scatter,如图 9-118 所示。

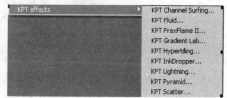
图 9-118 Kpt 滤镜菜单

(1) Channel Surfing 滤镜:可对图像中的各个通道(Channel)进行效果处理,比如模糊或锐化所选中的通道,也可以调整色彩的对比度、色彩数、透明度等各项属性。

(2) Fluid 滤镜:可以在图像中加入模拟液体流动的效果,如扭曲变形效果等。

(3) Frax Flame Ⅱ滤镜:能捕捉并修改图像中不规则的几何形状,并修改其颜色、对比度、扭曲等效果。

（4）Gradient Lab 滤镜：可以创建不同形状、不同水平高度、不同透明度的复杂的色彩组合并运用在图像中。

（5）Hyper tiling 滤镜：在节省文件空间的同时，产生类似瓷砖的效果。

（6）Ink Dropper 滤镜：模拟一种墨水滴入静水中的效果。

（7）Lightning 滤镜：可以在图像中创建出闪电效果。

（8）Pyramid 滤镜：可以将一幅图像转换成类似于油画的效果，在该滤镜中可以对图像的色调、饱和度、亮度等参数进行调整，使得生成的效果更具艺术特质。

（9）Scatter 滤镜：可以去除图像表面上的污点，也可以在图像中创建各种微粒运动的效果。

例 9.1 以 Lightning 滤镜为例制作闪电效果，执行 Lightning 滤镜，打开 Lightning 滤镜对话框，如图 9-119 所示，单击对话框左下角圆形的效果预设按钮，弹出效果预设面板，如图 9-120 所示，选择一种闪电效果，执行后效果如图 9-121 所示。

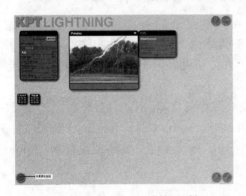

图 9-119　Lightning 滤镜对话框

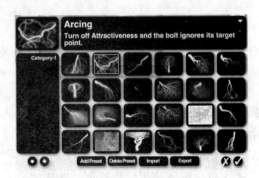

图 9-120　Lightning 滤镜预设效果面板

图 9-121　Lightning 滤镜执行效果

9.8.2　Flaming Pear Flood v1.04 for Photoshop 滤镜

Flaming Pear Flood v1.04 for Photoshop 又叫水面效果滤镜，是 Flamingpear 公司推出的一款 Photoshop 图像效果增强处理滤镜，可以模拟真实的水面效果，并能制作倒影。

该滤镜的工作界面如图 9-122 所示,执行效果如图 9-123 所示。

图 9-122 Flood 滤镜对话框

图 9-123 Flood 滤镜执行效果

9.9 本 章 小 结

本章主要介绍了 Photoshop CS4 中各种内置滤镜以及外挂滤镜的使用方法,并运用实例使用户加深了对滤镜的理解。通过本章的学习,用户应能熟练掌握各种滤镜的使用方法,并能结合自己的创意,把滤镜运用得恰到好处。

第10章 网络图像与图像自动化处理

本章学习重点：

- 掌握优化与处理网络图像的方法；
- 掌握动画的创建与应用；
- 了解【动作】调板与图像自动化处理方法。

在 Photoshop CS4 中提供了对图像优化处理的工具，可以方便地对图像进行优化处理，使图像能在网络上很好地传输，并可以在图像上建立超链接，使得图像并不仅仅只是单个独立的文件，而且具有更多的扩展功能。Photoshop CS4 中的动画创建功能使得网络图像的动感效果非常容易实现。

10.1 优化图像

在制作网页时，网页上插入的图像文件体积不能太大，否则常常会因为网络传输速度的限制，使得网页上的图像打开很慢。创建和利用网络传送图像时，要在保证一定质量、显示效果的同时尽可能降低图像文件的体积。当前常见的 Web 图像格式有 3 种：JPG 格式、GIF 格式和 PNG 格式。JPG 与 GIF 格式大家已很熟悉了，而 PNG 格式（Portable Network Graphics）则是一种新兴的 Web 图像格式，PNG 格式的图像文件一般都很大，这对于 Web 图像来说无疑是致命的缺点，因此很少被使用。对于色彩丰富的图像最好使用 JPG 格式进行压缩；而对于色彩要求不高的图像最好使用 GIF 格式进行压缩，使图像质量和图像大小有一个最佳的平衡点。

10.1.1 设置图像优化格式

在处理用于网络上传输的图像时，既要尽可能多保留原有图像的色彩质量又要使其尽量少占空间，这时就要对图像进行不同格式的优化设置，打开图像后，选择【文件】|【存储为 Web 和设备所用格式】命令，可打开如图 10-1 所示的【存储为 Web 和设备所用格式】对话框。

要为打开的图像进行整体优化设置，只要在【优化设置区域】中的【设置优化格式】下拉

图 10-1 【存储为 Web 和设备所用格式】对话框

列表中选择相应的格式后,再对其进行颜色和损耗等设置,如图 10-2 所示图像分别是优化为 GIF、JPG 和 PNG 格式时的设置选项。

(a) GIF 格式优化选项   (b) JPG 格式优化选项   (c) PNG-8 格式优化选项

图 10-2 三种不同格式的优化选项

10.1.2 设置图像颜色与大小

对当前图像设置完优化格式后,还可以设置图像的颜色和大小。如果将图像优化为 GIF 格式、PNG 格式或 WBMP 格式,可以通过【存储为 Web 和设备所用格式】对话框中的【颜色表】部分对颜色进行进一步设置,如图 10-3 所示。对话框中的各选项含义如下。

(1)颜色总数:显示【颜色表】调板中颜色的总和。

(2)将选中的颜色映射为透明色:单击该按钮,可以将当前优化图像中选取的颜色转换成透明。

(3)Web 转换:可以将当前需优化的图像中选取的颜色转换成 Web 安全色。

(4)锁定颜色:可以将当前需优化的图像中选取的颜色锁定,被锁定的颜色样本在右

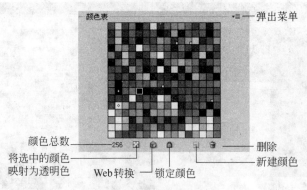

图 10-3　【颜色表】示意图

下角会出现一个被锁定的方块图标,如图 10-3 所示。将锁定的颜色样本选取再单击【锁定颜色】按钮会将锁定的颜色样本解锁。

(5) 新建颜色:单击该按钮可以将【吸管工具】吸取的颜色添加到【颜色表】调板中,新建的颜色样本会自动处于锁定状态。

(6) 删除:在【颜色表】调板中选择颜色样本后,单击此按钮可以将选取的颜色样本删除,或者直接拖曳到删除按钮上将其删除。

颜色设置完毕后还可以通过【存储为 Web 和设备所用格式】对话框中的【图像大小】部分对优化的图像设置输出大小,如图 10-4 所示。对话框中各选项的含义如下。

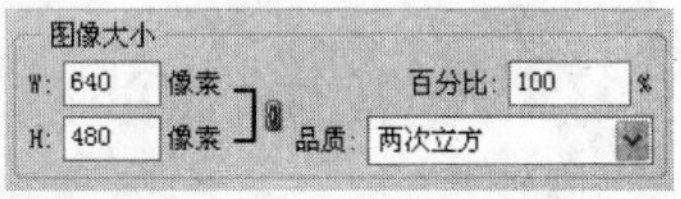

图 10-4　【图像大小】设置示意图

(1) 新建长宽:设置修改图像的宽度和长度。

(2) 百分比:设置缩放比例。

(3) 品质:可以在下拉列表中选择一种插值方法,以便对图像重新取样。

10.2　网络图像的创建与应用

对经过处理的图像进行优化后,可以将其插入到网页上,如果在图像中添加了切片,可以对图像的切片区域进行进一步的优化设置,并在网络中进行链接和显示切片设置。

10.2.1　创建与编辑切片

创建切片是将整个图像分割成若干个小图像,每个小图像都可以被重新优化。创建切片的方法非常简单,单击工具箱中的【切片工具】，在打开的图像中按照设计的要求使用鼠标在其上面拖动即可创建切片,如图 10-5(a)所示。

使用工具箱中的【切片选择工具】选择图像中【切片 3】,并在上面双击,打开【切片选项】对话框,其中的各项参数设置如图 10-5(b)所示。设置完毕单击【确定】按钮即可完成编辑。对话框中各选项含义如下。

(1) 切片类型:在下拉列表中可选择当前切片的种类。

(a) 创建切片　　　　　　　　　　(b)【切片选项】对话框

图 10-5　创建与编辑切片示意图

（2）名称：指定当前切片的名称。

（3）URL：指定当前切片的统一资源定位地址。

（4）目标：指定被链接的文件的浏览方式。

（5）Alt 标记：指定当前切片的替代文本，鼠标指向切片时可显示该文本。

（6）尺寸：指定当前切片的位置、宽度和高度。

（7）切片背景类型：指定当前切片背景的颜色。

10.2.2　创建图像的超链接

选择图像中创建好的切片，并选择【文件】|【存储为 Web 和设备所用格式】命令，打开【存储为 Web 和设备所用格式】对话框，使用工具箱中的【切片选择工具】选择切片后，可以在【优化设置区域】对选择的切片进行优化，将切片设置为 JPEG 格式，如图 10-6 所示。

图 10-6　设置切片的参数示意图

设置完毕单击【存储】按钮，打开【将优化结果存储为】对话框，设置【保存类型】为【HTML 和图像】，如图 10-7 所示。单击【保存】按钮，保存"海滨晚霞.html"文件。

图 10-7　【将优化结果存储为】对话框

双击"海滨晚霞.html"文件，可在浏览器中打开"海滨晚霞.html"，将鼠标移动到切片 3 所在的位置上时，可以看到鼠标指针下方和窗口左下角会出现该切片的预设信息，如图 10-8 所示。在切片的位置处单击，就会自动跳转到 http://www.hainan.net 的主页上。

图 10-8　在浏览器中打开"海滨晚霞.html"

10.3 帧动画的创建与应用

动画会使网页变得生动活泼,Photoshop CS4 具有较好的动画制作功能。

动画是连续播放具有一定差别的静态画面,利用人的视觉暂留产生动感而形成的。每个静态画面称为帧,如果一个动画中的所有帧都由人工制作完成,则称为逐帧动画。除了逐帧动画以外,Photoshop CS4 还可以在两个帧之间自动产生过渡帧,形成过渡动画。

将创建的动画设置为 GIF 格式后保存,可以直接将其插入到网页中,并可以以帧动画形式显示。

10.3.1 创建与编辑动画

动画是由一系列帧组成的,帧里的图像又由多个层和一系列的对象组成。在Photoshop CS4 中通过【动画】调板和【图层】调板中的一些功能相结合就可以创建一些动画效果。

1. 新建与复制帧

选择【窗口】|【动画】命令可以打开如图 10-9 所示的【动画】调板。新建一个图像文档,在【动画】调板中就会出现一个新的帧。单击【动画】调板底部的【复制帧】按钮,就可以复制当前帧的一个副本。单击【动画】调板右上角的菜单按钮,选择【拷贝单帧】与【粘贴单帧】也可以复制当前帧的一个副本。

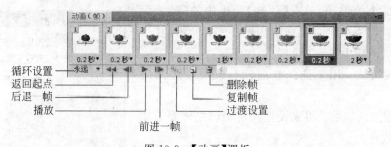

图 10-9 【动画】调板

2. 改变帧的次序

改变帧的次序就是改变动画播放时图像显示的顺序。在【动画】调板中选中需要改变次序的帧,用鼠标拖动到目的位置,松开鼠标即可改变帧的次序。

3. 删除帧

在【动画】调板中选中需要删除的帧,单击【动画】调板底部的【删除帧】按钮,或者将需要删除的帧拖动到【删除帧】按钮上。

4. 设置帧延时

帧延时即动画播放时,每一帧在屏幕上停留的时间,设计者可以单击每一帧右下角小三角打开如图 10-10 所示的帧延时列表,完成帧延时的设置。

5. 设置循环

单击【动画】调板左下角的【循环】设置按钮,可以显示如图 10-11(a)所示的下拉列表,可以选择预设的循环次数,也可以单击【其他】按钮,在【设置循环次数】对话框(如图 10-11 (b)所示)中自定义动画循环播放的次数。

图 10-10　帧延时设置　　　　　　　图 10-11　设置循环次数示意图

10.3.2　创建与设置过渡帧

创建过渡帧就是让系统自动在两个关键帧之间添加动画对象的位置、不透明度或效果产生均匀变化的过渡帧,形成过渡动画。要在动画的两个关键帧之间创建过渡动画,可以先选中左边的那个关键帧,单击【动画】调板中的【过渡设置】按钮 ，此时系统会自动弹出如图 10-12 所示的【过渡】对话框,对话框中各选项的含义如下。

（1）过渡方式:用来选择当前帧与某一帧之间的过渡。

（2）要添加的帧数:用来设置在两个帧之间要添加的过渡帧的数量。

（3）图层:用来设置在【图层】调板中相关的图层。

（4）参数:用来控制要过渡帧的属性。

图 10-12　【过渡】对话框

设置好【过渡】对话框中的各项参数,单击【确定】按钮便可创建过渡动画。

在【动画】调板中当前帧上右击,在弹出的菜单中可以选择相应的帧处理方法。选择【不处理】表示在显示下一帧时保留当前帧,即上一帧透过当前帧的透明区域时可以看到,此时在帧的下方会出现一个图标 ;选择【处理】表示在显示下一帧时终止显示当前帧,即上一帧不会透过当前帧的透明区域,此时在帧的下方会出现一个图标 ;选择【自动】表示下一帧中有透明图层则扔掉当前帧,即上一帧不会透过当前帧的透明区域。

10.3.3　预览与保存动画

动画创建完成后，单击【动画】调板中的【播放动画】按钮，就可以在文档窗口观看创建的动画效果。此时【播放动画】按钮会变成【停止动画】按钮，单击【停止动画】按钮，可以停止正在播放的动画。

动画创建与编辑完成后要存储动画，GIF格式是用于存储动画的最方便格式。选择【文件】|【存储为 Web 和设备所用格式】命令，打开【存储为 Web 和设备所用格式】对话框，在【优化格式】下拉菜单中选择 GIF 格式，如图 10-2(a)所示。设置完毕单击【存储】按钮，打开【将优化结果存储为】对话框，设置【保存类型】为【仅限图像】(＊.gif)，单击【保存】按钮即可存储动画。

例 10.1　用素材文件夹中的图像"花 1.jpg"、"花 2.jpg"、"花 3.jpg"创建 2 段过渡动画，每段过渡动画各有 5 个过渡帧，过渡帧的延时为 0.2 秒，关键帧的延时为 2 秒，将动画保存为"开花.gif"和"开花.psd"。

操作步骤如下：

(1) 新建宽度和高度各为 10 厘米的文档，打开图像文件"花 1.jpg"、"花 2.jpg"、"花 3.jpg"，切换到"花 1.jpg"窗口，用【魔棒工具】选中白色背景，反选后选中花朵的像素，按 Ctrl＋C 键将其复制到剪贴板。

(2) 切换到新建的文档窗口，按 Ctrl＋V 键将其粘贴到当前窗口中。选择【窗口】|【动画】命令，打开【动画】调板，此时可见【动画】调板中已经有 1 个关键帧，将其【帧延时】设置为 2 秒。选择【窗口】|【图层】命令，打开【图层】调板，可见【图层】调板中已经有 1 个新的【图层 1】。

(3) 单击【动画】调板底部的【复制帧】按钮，复制一个关键帧。在【图层】调板中新建一个图层，并将图像"花 2.jpg"的像素复制后粘贴到新的图层中，【动画】调板和【图层】调板如图 10-13 所示。

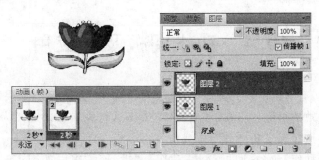

图 10-13　创建过渡动画示意图之一

(4) 单击【动画】调板底部的【复制帧】按钮，复制一个关键帧。在【图层】调板中新建一个图层，并将图像"花 3.jpg"的像素复制后粘贴到新的图层中。【动画】调板和【图层】调板如图 10-14 所示。

(5) 选中第 1 帧，隐藏【图层 2】和【图层 3】；选中第 2 帧，隐藏【图层 1】和【图层 3】；选中第 3 帧，隐藏【图层 1】和【图层 2】。单击【播放】按钮，此时的动画便是逐帧动画，选择

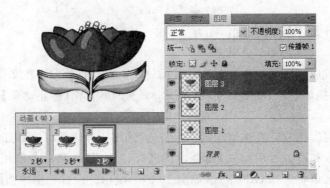

图 10-14　创建过渡动画示意图之二

【文件】|【存储为Web和设备所用格式】命令,打开【存储为 Web 和设备所用格式】对话框,设置图像文件格式为 GIF,将动画保存为"开花(逐帧).gif"和"开花(逐帧).psd"。

(6)选中第 1 帧,将【帧延时】改为 0.2 秒,单击【动画】调板中的【过渡设置】按钮 ，此时系统会自动弹出如图 10-12 所示的【过渡】对话框,单击【确定】按钮便可创建过渡动画。再将第 1 帧的【帧延时】改为 2 秒。

(7)选中第 7 帧(即原来的第 2 帧),将【帧延时】改为 0.2 秒,单击【动画】调板中的【过渡设置】按钮 ，此时系统会自动弹出如图 10-12 所示的【过渡】对话框,单击【确定】按钮便可创建过渡动画。再将第 7 帧的【帧延时】改为 2 秒。最后的【动画】调板如图 10-15 所示。

图 10-15　过渡动画"开花.gif"的【动画】调板

(8)预览动画后,将其保存为"开花.gif"和"开花.psd"。

10.4　动作调板及其应用

在图像编辑中,有一组不同的图像要完成一组相同的编辑操作,如果每次都重复这些操作,不但乏味,而且效率很低。可在【动作】调板中将这组编辑操作定义为一个动作,以后可以应用于其他编辑操作与之相同的图像文件上,如此一来便大大地节省了图像编辑的时间。

选择【窗口】|【动作】命令,即可打开【动作】调板,该调板以如图 10-16 所示的【标准模式】和如图 10-17 所示的【按钮模式】两种形式存在。【动作】调板中的各选项含义如下。

(1)切换项目开关:当调板中出现该图标时,表示该图标对应的动作组、动作或命令可以使用;当调板中该图标处于隐藏状态时,表示该图标对应的动作组、动作或命令不可以使用。

(2)切换对话开关:当调板中出现该图标时,表示该动作执行到该步时会暂停,并打开相应的对话框,设置参数后,可以继续执行以后的动作。

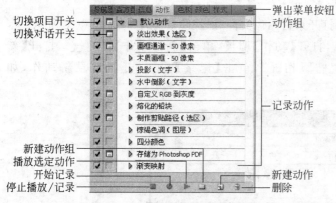

图 10-16 【标准模式】的【动作】调板   图 10-17 【按钮模式】的【动作】调板

（3）新建动作组：创建用于存放动作的组。

（4）播放选定动作：单击此按钮可以执行对应的动作命令。

（5）开始记录：录制动作的创建过程。

（6）停止播放/记录：单击该按钮结束记录过程。【停止播放/记录】按钮只有在开始录制后才会被激活。

（7）弹出菜单按钮：单击此按钮会打开【动作】调板对应的命令菜单。

（8）动作组：存放多个动作的文件夹。

（9）记录动作：包含一系列命令的集合。

（10）新建动作：单击该按钮会创建一个新动作。

（11）删除：可以将当前动作删除。

（12）按钮模式：选择命令直接单击即可执行。

注意：在【动作】调板中有些鼠标移动是不能被记录的。例如它不能记录使用【画笔工具】或【铅笔工具】等描绘的动作。但是【动作】调板可以记录【文字工具】输入的内容、【形状工具】绘制的图形和【油漆桶工具】进行的填充等过程。

例 10.2 在【动作】调板中定义一个名为"椭圆相框"的动作，该动作在图像上添加一个斜面浮雕效果的椭圆相框，框中填充云彩效果的滤镜，效果添加前、后如图 10-18(a)、(b)所示。完成动作录制后，再应用该动作完成另一图像效果。

(a) 效果添加前   (b) 效果添加后

图 10-18 添加滤镜效果前、后示意图

操作步骤如下：

（1）选择【文件】|【打开】命令，打开素材图像文件"海滨晚霞.jpg"，如图 10-18 所示。

（2）选择【窗口】|【动作】命令，打开【动作】调板，单击【新建动作】按钮 。打开【新建动作】对话框，设置【名称】为"椭圆相框"，单击【记录】按钮，开始记录新动作，如图 10-19 所示。

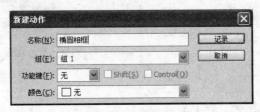

图 10-19　【新建动作】对话框

（3）打开【图层】调板，单击右上角的菜单按钮，选择【新建图层】命令，创建一个新图层。选择工具箱中的【椭圆选框工具】，居中建立椭圆选区，选择【选择】|【反向】命令，创建椭圆之外的选区。

（4）设置工具箱中的【前景色】为＃ec0622，【背景色】为＃d9dc04。选择【滤镜】|【渲染】|【云彩】命令，对选区填充经过滤镜作用的颜色。

（5）选择【图层】|【图层样式】|【斜面浮雕】命令，设置合适的参数，单击【确定】按钮。选择【选择】|【取消选择】命令，最终效果如图 10-18(b)所示。

（6）在【动作】调板底部单击【停止播放/记录】按钮 ，此时名为"椭圆相框"的动作创建完成，【动作】调板记录的操作如图 10-20(a)所示，【图层】调板的图层如图 10-20(b)所示。

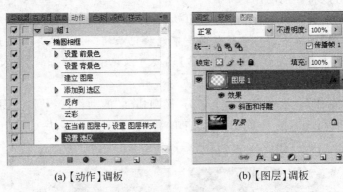

(a)【动作】调板　　　　　　(b)【图层】调板

图 10-20　"椭圆相框"的【动作】调板与【图层】调板

（7）单击【动作】调板右上角的菜单按钮，选择【按钮模式】命令，切换到【动作】调板的【按钮模式】，此时可以看到新建的动作按钮【椭圆相框】。

（8）选择【文件】|【打开】命令，打开素材图像文件"海边景色1.jpg"，如图 10-21(a)所示。

（9）选中【动作】调板中的动作"椭圆相框"，单击【播放选定动作】按钮 ，如图 10-21(c)所示，最终效果如图 10-21(b)所示。

(a) 原图像   (b) 最终效果   (c)【动作】调板

图 10-21　应用"椭圆相框"的动作示意图

10.5　图像自动化工具

Photoshop CS4 软件提供的自动化命令可以非常方便地完成大量的图像处理过程，从而提高了工作效率，软件中自动化的功能被集成在【文件】|【自动】菜单中。

10.5.1　批处理

选择【文件】|【自动】|【批处理】命令，即可打开如图 10-22 所示的【批处理】对话框。其中可以根据选择的动作对【源】部分文件夹中的图像应用指定的动作，并将应用动作后的所有图像都存放到【目标】部分文件夹中。对话框中各选项含义如下。

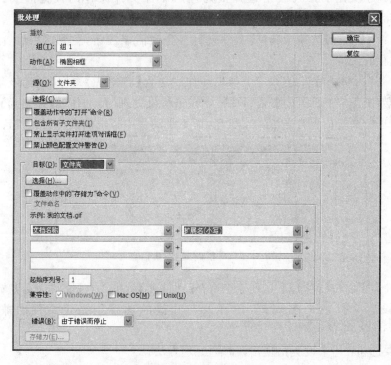

图 10-22　【批处理】对话框

（1）播放：用来设置播放的动作组和动作。

（2）源：设置要进行批处理的源文件。

- 源：可以在下拉列表中选择需要进行批处理的选项，包括文件夹、导入、打开的文件和 Bridge。
- 选择：用来选择需要进行批处理的文件夹。
- 覆盖动作中的"打开"命令：在进行批处理时会忽略动作中的【打开】命令。但是在动作中必须包含一个【打开】命令，否则源文件将不会打开。勾选复选框后，会弹出如图 10-23 所示的警告对话框。

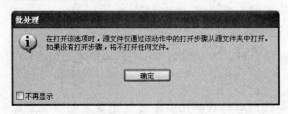

图 10-23　【批处理】提示信息一

- 包含所有子文件夹：在执行【批处理】命令时，会自动对应选取文件夹中子文件夹里的所有图像。
- 禁止显示文件打开选项对话框：在执行【批处理】命令时，不打开文件选项对话框。
- 禁止颜色配置文件警告：在执行【批处理】命令时，可以阻止颜色配置信息的显示。

（3）目标：设置批处理后图像文件存储的位置。

- 目标：可以在下拉列表中选择批处理后图像文件保存的位置选项。包括【无】、【存储并关闭】和【文件夹】。
- 选择：在【目标】选项中选择【文件夹】后，会激活该按钮，主要用来设置批处理后文件保存的文件夹。
- 覆盖动作中的"存储为"命令：如果动作中包含【存储为】命令，勾选该复选框后，会弹出如图 10-24 所示的警告对话框。在进行批处理时，动作的【存储为】命令将提示批处理的文件的保存位置和文件名，而不是动作中指定的文件名和位置。

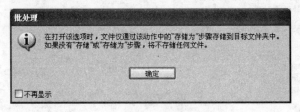

图 10-24　【批处理】提示信息二

（4）文件命名：在【目标】下拉列表中选择【文件夹】后可以在【文件命名】选项区域中的 6 个选项中设置文件的命名规范，还可以在其他的选项中指定文件的兼容性，包括 Windows、MacOS 和 UNIX。

（5）错误选项：用来设置出现错误时的处理方法。

- 由于错误而停止：若选择该选项，在出现错误时会出现提示信息，并暂时停止操作。

- 将错误记录到文件：若选择该选项，在出现错误时不会停止批处理的运行，但是系统会记录操作中出现的错误信息，单击下面的【存储为】按钮，可以选择错误信息存储的位置。

例 10.3 使用之前创建的【椭圆相框】动作，对一批图像实施【批处理】命令操作。

操作步骤如下：

（1）选择【文件】|【自动】|【批处理】命令，打开【批处理】对话框，在【播放】部分，选择之前创建的【椭圆相框】动作，在【源】下拉列表中选择【文件夹】，单击【选择】按钮，在弹出的【浏览文件夹】对话框中选择文件夹 img，单击【确定】按钮确认。

（2）在【目标】下拉列表中选择【文件夹】，单击【选择】按钮，在弹出的【浏览文件夹】对话框中选择"相框结果"文件夹，单击【确定】按钮，如图 10-25 所示。

图 10-25 设置【批处理】目标文件示意图

（3）全部设置完毕后，单击【批处理】对话框中的【确定】按钮，即可将文件夹 img 中的图像文件执行"椭圆相框"动作，并保存到"相框结果"文件夹中。

10.5.2 创建快捷批处理

选择【文件】|【目标】|【创建快捷批处理】命令可以打开如图 10-26 所示的【创建快捷批处理】对话框，设置完对话框中的各项参数就可以创建一个快捷方式图标。在处理图像时，将要应用该命令的文件拖动到图标上即可完成图像的相应处理。对话框中各项的意义与【批处理】对话框基本相同，对话框中的【将快捷批处理存储于】的参数用来设置创建图标的位置。

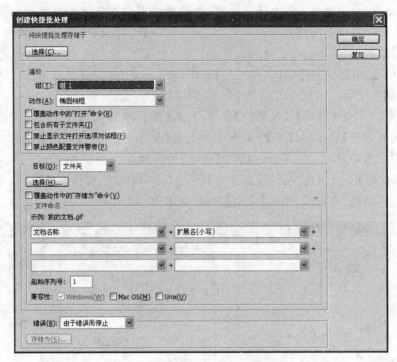

图 10-26 【创建快捷批处理】对话框

10.5.3 图像自动化处理的应用

在 Photoshop CS4 中还提供了另外几种图像自动化处理,如裁剪图像、改变图像的宽度与高度、将局部图像合成为全景图像等,这些功能为图像处理带来了很大的方便,下面分别介绍这些功能。

1. 裁剪并修齐照片

使用【裁剪并修齐照片】命令,可以自动将在扫描仪中一次性扫描的多个图像文件分成各单独的图像文件,如图 10-27(a)所示的是两张扫描后连在一起的照片,选择【文件】|【目标】|【裁剪并修齐照片】命令后,可以自动修剪为 2 个图像,如图 10-27(b)所示。

2. 更改条件模式

选择【文件】|【自动】|【条件模式更改】命令,可以打开如图 10-28 所示的【条件模式更改】对话框。【条件模式更改】命令可以将当前选取的图像颜色模式转换成自定颜色模式。对话框中的各选项含义如下。

- 源模式:用来设置将要转换的颜色模式。
- 目标模式:转换后的颜色模式。

设置好各种参数后,单击【确定】按钮就可以实现图像颜色模式的转换。

$$(a) \qquad\qquad (b)$$

图 10-27　裁剪并修齐照片示意图

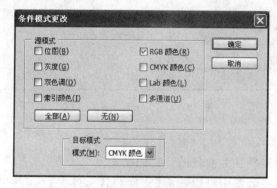

图 10-28　【条件模式更改】对话框

3. 限制图像

选择【文件】|【自动】|【限制图像】命令，可以打开如图 10-29 所示的【限制图像】对话框。使用【限制图像】命令，在不改变图像分辨率的情况下，可以改变当前图像的高度与宽度。

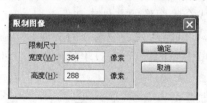

图 10-29　【限制图像】对话框

4. 图像合并

选择【文件】|【自动】| Photomerge 命令，可以打开如图 10-30 所示的 Photomerge 对话框，在该对话框中设置相应的转换【版面】，选择要转换的文件后，单击【确定】按钮，就可以将

选择的文件转换为全景图片。该命令可以将局部图像自动合成为全景照片。

条件模式更改对话框如图 10-30 所示。

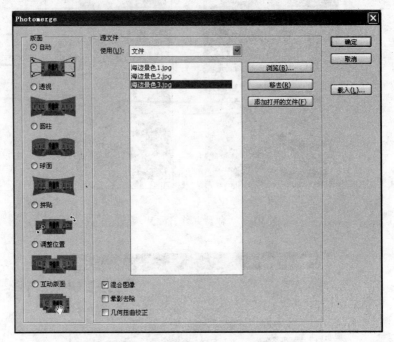

图 10-30　Photomerge 对话框

对话框中各选项含义如下。

（1）版面：用来设置转换为前景图片时的模式。

（2）使用：在该下拉菜单中可以选择【文件】和【文件夹】选项。选择【文件】时，可以直接将选择的两个以上的文件制作成合并图像；选择【文件夹】时，可以直接将选择的文件夹中的图像文件制作成合并图片。

（3）混合图像：选中此复选框后，应用 photomerge 命令后会直接套用混合图像蒙版。

（4）晕影去除：选中此复选框后，可以校正摄影时镜头中的晕影效果。

（5）几何扭曲校正：选中该复选框后，可以校正摄影时镜头中的几何扭曲效果。

（6）浏览：用来选择合成全景图像的文件或文件夹。

（7）移除：单击此按钮，可以删除列表中选择的文件。

（8）添加打开的文件：单击此按钮后，可以将软件中打开的文件直接添加到列表中。

10.6　本　章　小　结

本章主要介绍了 Photoshop CS4 中的一些重要的知识点：图像的优化技术、过渡动画的制作以及图像管理与图像自动化处理。

在网页上添加的图像，应该尽可能在保证图像质量的前提下缩小图像文件的大小，图像优化的方法以及在图像上添加切片和超链接是图像 Web 应用必须掌握的知识；网页或其他演示用的文档中若能添加动感效果的动画图像一定会更加引人入胜，在动画创建中要注意"帧"与"层"的配合方法，要正确理解关键帧与过渡帧，分清它们的区别与共同之处；【动作】调板与图像【批处理】工具合理使用，会给成批图像处理带来方便，可以达到事半功倍的效果。

　　本章图像的优化与动画制作是学习的重点，而图像的自动化处理又使得图像处理更加便捷。

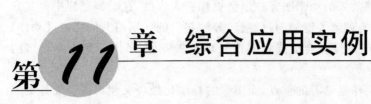

第11章 综合应用实例

实例 1 分别制作如图 11-1 所示的个性化按钮。

(a) 按钮 1　　　　　　　　　(b) 按钮 2

图 11-1　个性化按钮效果图

1. 个性化按钮 1

1) 涉及的知识点

定义图案、自定义形状、图案填充、椭圆选框工具、图层样式。

2) 操作步骤

(1) 选择【文件】|【新建】命令,新建宽度为 200px,高度为 200px,背景色为【透明】,分辨率为 72 像素/英寸,RGB 模式图像文档。

(2) 设置【前景色】为 R60、G200、B240,单击【自定形状工具】 ,在【工具选项栏】中单击【填充像素】按钮 ,在【形状】下拉列表中选中如图 11-2 所示的图案。

图 11-2　选择【形状】下拉列表中的图案

(3) 选择【编辑】|【定义图案】命令,在弹出的【图案名称】对话框中,输入自定义图案的名称后,单击【确定】按钮确认,如图 11-3 所示。

（4）选择【文件】|【新建】命令，新建宽度为 300px，高度为 300px，背景色为【白色】，分辨率为 72 像素/英寸，RGB 模式图像文档。

（5）在【图层】调板中，新建【图层 1】，单击【椭圆选框工具】，按住 Shift 键在工作窗口中绘制圆形选区，如图 11-4(a)所示。设置【前景色】为 R0、G50、B100，按 Alt＋Delete 键对选区填充颜色，如图 11-4(b)所示。

图 11-3 【图案名称】对话框

(a) 绘制选区　　　(b) 填充选区

图 11-4 绘制选区和填充颜色

（6）选择【图层 1】，单击【图层】调板底部的【创建新的填充或调整图层】按钮，在下拉菜单中选择【图案】命令，并在如图 11-5(a)所示的【图案填充】对话框中选择【图案 1】，设置【缩放】为 80％，单击【贴紧原点】按钮，图案效果如图 11-5(b)所示，单击【确定】按钮后自动生成的图层如图 11-5(c)所示。

(a)【图案填充】对话框　　　(b) 图案填充效果　　　(c)【图层】调板

图 11-5 图案填充示意图

（7）创建【图层 2】，设置前景色为白色，单击【自定形状工具】，在【工具选项栏】中单击【填充像素】按钮，在【形状】下拉列表中选择图案。在图像工作窗口中创建如图 11-6(a)所示的图像。

（8）在【图层】调板中选中【图层 1】，选择【图层】|【图层样式】|【斜面与浮雕】命令，在【图层样式】对话窗口中设置【大小】为 12 像素，其他参数默认。单击【确定】按钮后图像效果如图 11-6(b)所示，图层调板如图 11-6(c)所示。

2. 个性化按钮 2

1）涉及的知识点

新建图层、合并图层、创建选区、载入选区、模糊滤镜、扭曲滤镜、图层蒙版、文字工具。

2）操作步骤

（1）选择【文件】|【新建】命令，新建宽度为 400px，高度为 400px，背景色为【白色】，分辨率为 72 像素/英寸，RGB 模式图像文档。

(a) 第二次添加图案

(b) 图像最终效果

(c)【图层】调板

图 11-6　个性化按钮之一

（2）单击【椭圆选框工具】，在【工具选项栏】中选择【样式】为【固定大小】，【宽度】和【高度】都为250px，单击画面，可以画出相应大小的正圆选区，如图 11-7(a)所示。

(a) 绘制正圆选区

(b) 填充正圆并隐藏图层

图 11-7　隐藏图层后的选区

（3）单击【图层】调板底部的【新建图层】按钮，新建一个名为【样板】的新图层。设置【前景色】为黑色，按 Alt＋Delete 键填充颜色。【样板】图层只是用作正圆的框架，故可隐藏该图层，此时工作窗口中只有正圆选区，如图 11-7 所示。

（4）单击【图层】调板底部的【新建图层】按钮，新建一个名为【按钮】的新图层。按住 Ctrl 键的同时单击【样板】图层，载入选区。选择【选择】|【反选】命令，选择正圆以外的区域。

（5）设置【前景色】为 R45、G185、B205，按 Alt＋Delete 键填充颜色，如图 11-8 所示。按 Ctrl＋D 键取消选区。

图 11-8　填充颜色后选区

——————— Photoshop CS4 图形图像处理教程

（6）为了制作立体的感觉，选择【滤镜】|【模糊】|【高斯模糊】命令，设置【半径】为 25 像素，效果如图 11-9(a)所示。选择圆形框架区域，按住 Ctrl 键的同时单击【样板】图层，载入选区，如图 11-9(b)所示。选中图层【按钮】，单击【图层】调板底部的【添加图层蒙版】按钮，所得到的效果如图 11-9(c)所示。

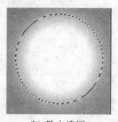

(a) 应用【高斯模糊】滤镜　　　　(b) 载入选区　　　　(c) 添加图层蒙版

图 11-9　添加模糊滤镜和蒙版后的示意图

（7）为了增加立体感，单击图层蒙版之间的链接按钮，取消蒙版链接，用【移动工具】将【按钮】图层垂直方向向下移动，效果如图 11-10 所示。

图 11-10　移动图层示意图

（8）按住 Ctrl 键的同时单击【样板】图层，载入选区。单击【图层】调板底部的【新建图层】按钮，新建一个名为【阴影】的新图层。【阴影】图层建在【按钮】图层下方，并按 Alt＋Delete 键填充【前景色】(R45、G185、B205)，如图 11-11 所示。

图 11-11　创建【阴影】图层

（9）按 Ctrl＋D 键取消选区，选择【滤镜】|【模糊】|【高斯模糊】命令，设置【半径】为 25 像素，如图 11-12(a)所示。用【移动工具】将【阴影】图层垂直方向向下移动，效果如图 11-12(b)所示。

(a) 对阴影应用【高斯模糊】滤镜　　　(b) 移动阴影　　　(c) 撤销图层蒙版

图 11-12　添加阴影效果示意图

（10）按住 Ctrl 键的同时单击【样板】图层，载入选区。选择【图层】|【图层蒙版】|【隐藏选取】命令，效果如图 11-12(c)所示。

（11）单击【图层】调板底部的【新建图层】按钮，新建一个名为【反射】的新图层。按住 Ctrl 键的同时单击【样板】图层，载入选区。按 Alt＋Delete 键对选区填充白色。

（12）按 Ctrl＋D 键取消选区，选择【滤镜】|【模糊】|【高斯模糊】命令，设置【半径】为 25 像素。按 Ctrl＋T 键缩小【反射】图层，并将其移动到下方，如图 11-13(a)所示。

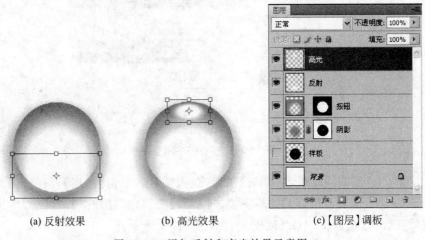

(a) 反射效果　　　(b) 高光效果　　　(c)【图层】调板

图 11-13　添加反射和高光效果示意图

（13）将【反射】图层复制后改名为【高光】图层，按 Ctrl＋T 键缩小【高光】图层，并将其移动到上方，如图 11-13(c)所示。对应的【图层】调板如图 11-13(c)所示。

（14）选择【滤镜】|【模糊】|【高斯模糊】命令，设置【半径】为 10 像素。将【高光】图层复制后改名为【高光 1】图层，按 Ctrl＋T 键缩小【高光 1】图层，W 为 50％，H 为 50％。

（15）将【高光】图层混合模式设置为【叠加】，将【高光 1】图层混合模式设置为【正常】。此时，【高光 1】的大小应小于【高光】。

（16）制作强烈高光效果。复制图层【高光 1】，命名为【高光 2】。按 Ctrl＋T 键缩小【高光 2】图层，W 为 45％，H 为 45％，效果如图 11-14(a)所示。

（17）选中除【背景层】外的所有图层，右击，在快捷菜单中选择【链接图层】，如图 11-14(b)所示。右击，在快捷菜单中选择【合并图层】，并将合并后的图层改名为【按钮】，如图 11-14(c)所示。

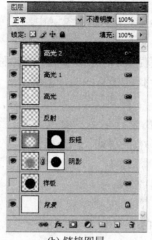
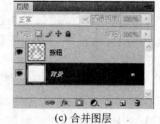

(a) 高光 2　　　　　　　　(b) 链接图层　　　　　　　(c) 合并图层

图 11-14　制作按钮高光效果示意图

（18）选中【按钮】图层，选择【滤镜】|【扭曲】|【波浪】命令，设置【生成器数】为 5；【波长】为 770，910（先设 910）；【波幅】为 20，20；【比例】为 100%，100%，效果如图 11-1(b)所示。

（19）用【横排文字工具】输入文字 PLAY，设置【字体】为 Rosewood Std，【大小】为 48pt，【颜色】为 R45、G185、B205。最终效果如图 11-1(b)所示。

实例 2　制作如图 11-15 所示的装饰画。

1) 涉及的知识点

渐变工具、缩放图像、贴入图像、设置参考线、选区的编辑、存储选区、载入选区、变换选区。

2) 操作步骤

（1）新建 RGB 模式文档，【宽度】为 300px，【高度】为 200px，【背景色】为白色，将其保存为"收获.psd"。

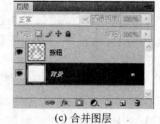

图 11-15　效果示意图

（2）将【前景色】设置为♯EAAB3E，【背景色】设置为白色，在工具箱中选择【渐变工具】，在【工具选项栏】设置【从前景到背景】的【线性渐变】，按住 Shift 键，从上到下拖动鼠标填充渐变色，如图 11-16 所示。

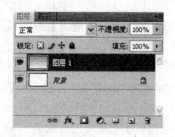

图 11-16　填充渐变色后的示意图

（3）打开素材图像 02.jpg，选择【选择】|【全选】命令，或者按 Ctrl＋A 键，将图像中的像素全部选中，然后选择【编辑】|【复制】命令复制图像中的像素。

（4）切换到"收获.psd"窗口，选择【编辑】|【粘贴】命令，将刚才拷贝的像素粘贴到文档

中,形成一个新的图层。

(5) 选择【编辑】|【变换】|【缩放】命令,缩放图层中粘贴的图像,直到其铺满整个窗口,并在窗口中双击鼠标以确认。

(6) 选择【图层】|【图层样式】|【混合选项】命令,在弹出的【图层样式】对话框中设置【常规混合】下的【不透明度】为 20%,并单击【确定】按钮关闭对话框。

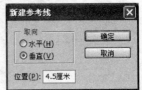

图 11-17 【新建参考线】对话框

(7) 背景的设置基本完成,现在来选取效果图中的扇形像素。选择【视图】|【新建参考线】命令,在如图 11-17 所示的【新建参考线】对话框中分别设置【垂直】为 4.5 厘米,【水平】为 3.5 厘米的参考线,绘制交叉的参考线。

(8) 单击【椭圆选框工具】,在工具选项栏中设置【样式】为【固定大小】,【宽度】和【高度】分别为 150px,单击画面,以参考线的交点为中心画出相应大小的正圆选区,图像和【图层】调板如图 11-18 所示。

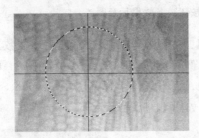

图 11-18 建立椭圆选区

(9) 单击【矩形选框工具】,在工具选项栏中单击【与选区交叉】按钮,绘制选区,最终得到一个 90 度扇形选区,如图 11-19 所示。

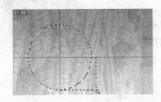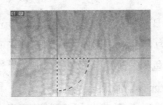

图 11-19 创建扇形选区

(10) 选择【选择】|【存储选区】命令,在弹出的【存储选区】对话框中,将扇形选区命名为"扇区"来保存。

(11) 打开图片 04.jpg,按 Ctrl+A 键将图片中的像素全部选中,然后按 Ctrl+C 键复制像素。切换到"收获.psd"窗口,移动选区到合适的位置,选择【编辑】|【贴入】命令,将所复制的像素粘贴到扇形选区中,如图 11-20(a)所示。

(12) 选择【选择】|【载入选区】命令,在图层中载入之前保存的选区"扇区",再选择【选择】|【变换选区】命令来将选区水平旋转,并移动到合适的位置处。

(13) 参照步骤(11)、(12),继续载入保存的选区,变换选区,然后依次把图像 01.jpg、02.jpg 和 03.jpg 中的像素复制、粘贴到当前图像文档中,可以得到如图 11-20(b)所示的效果。

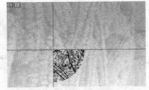

(a) 复制扇形选区   (b) 继续贴入选区

图 11-20 贴入图像示意图

（14）单击【图层】调板底部的【新建图层】按钮，新建一个图层。在工具箱中选择【单行选框工具】，绘制一像素选区，然后选择【选择】|【修改】|【扩展】，在弹出的对话框中设置参数为 3 像素，得到如图 11-21(a)所示的效果，【图层】调板如图 11-21(b)所示。

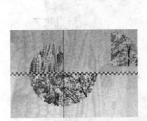

(a) 创建选区 1   (b)【图层】调板   (c) 创建选区 2

图 11-21 添加选区和【图层】调板

（15）设置【前景色】为#815500，按 Alt＋Delete 键，给选区填充前景色。

（16）单击【矩形选框工具】，在工具选项栏中单击【从选区中减去】按钮，然后绘制两个如图 11-21(c)所示的矩形选区。在工具选项栏中分别设置两个选区的【样式】为【固定大小】，【宽度】为 110px、76px，【高度】为 95px、64px。按 Alt＋Delete 键，给选区填充前景色。按 Ctrl＋D 键取消选区，如图 11-22(a)所示。

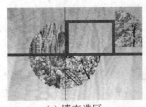
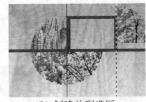
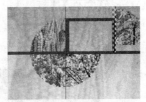

(a) 填充选区   (b) 创建单列选区   (c) 扩展并从选区中减去

图 11-22 添加选区示意图

（17）在工具箱中选择【单列选框工具】，绘制如图 11-22(b)所示的选区，再次【扩展】该选区。然后选择【矩形选框工具】，在工具选项栏中单击【从选区中减去】按钮，在图像右下方绘制矩形选区，减去右下方的选区，最后的效果如图 11-22(c)所示。然后按 Alt＋Delete 键给选区填充前景色。

（18）参照步骤(17)绘制选区，并填充前景色，效果如图 11-23(a)所示。

(a) 填充选区 (b) 添加文字

图 11-23 选区填充颜色和添加文字

(19) 在工具箱中选择【横排文字工具】，在工具选项栏中设置【字体】为"华文行楷"，【大小】为 36 点，【颜色】为#804909，输入文字"丰收"。选择【图层】|【图层样式】|【投影】命令，添加文字阴影，最后的效果如图 11-23(b)所示。

实例 3 改变图像的晚霞效果，图像处理前后的效果如图 11-24 所示。

(a) 原图像 (b) 处理后的效果图

图 11-24 改变图像晚霞效果前后对比图

1) 涉及的知识点

色阶命令、色彩平衡、曲线命令、色相与饱和度、渐变工具、画笔工具、图层蒙版、镜头光晕滤镜等。

2) 操作步骤

(1) 选择【文件】|【打开】命令，打开素材图像文件"海滨晚霞.jpg"，如图 11-24(a)所示。

(2) 选择【图像】|【调整】|【色阶】命令，在【色阶】对话框的【通道】下拉列表中选择【红】，并设置各项参数，如图 11-25 所示，完成后单击【确定】按钮。

 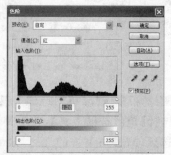

(a) 原图像 (b)【色阶】对话框

图 11-25 设置【色阶】示意图

（3）新建【图层 1】，按 Alt＋Delete 键填充黑色，单击【图层】调板底部的【添加图层蒙版】按钮![icon]，按 D 键恢复颜色的默认设置。在工具箱中选择【渐变工具】![icon]，在【工具选项栏】设置【从前景到背景】的【径向渐变】，在图像中间拖曳鼠标填充渐变色，如图 11-26 所示。

(a) 工具选项栏设置

(b) 涂抹云层处　　　　(c)【图层】调板

图 11-26　添加蒙版示意图

（4）选择【图层 1】设置【不透明度】为 70％。选择【图层 1】的图层蒙版，单击【画笔工具】，并在工具选项栏上设置如图 11-26(a) 所示的各项参数。然后，在图像上云层处涂抹，效果如图 11-26(b) 所示。

（5）选择【图层 1】，单击【图层】调板底部的【创建新的填充或调整图层】按钮![icon]，在下拉菜单中选择【色彩平衡】命令，在弹出的对话框中选择【阴影】选项，并设置如图 11-27(b) 所示的各项参数。双击【图层】调板中的【色彩平衡 1】缩略图，在弹出的对话框中选择【高光】选项，并设置如图 11-27(c) 所示的各项参数。

(a) 图像　　　　(b) 设置阴影区　　　　(c) 设置高光区

图 11-27　设置【色彩平衡】示意图

（6）选择【色彩平衡 1】，单击【图层】调板底部的【创建新的填充或调整图层】按钮![icon]，在下拉菜单中选择【曲线】命令，在弹出的对话框中设置如图 11-28(a) 所示的参数。

（7）选择【曲线 1】，单击【图层】调板底部的【创建新的填充或调整图层】按钮![icon]，在下拉菜单中选择【可选颜色】命令，在弹出的对话框中单击【颜色】下拉列表中的【黄色】，并设置如图 11-28(b) 所示的参数。

（8）选择【色彩平衡 1】的图层蒙版，单击【画笔工具】，并在工具选项栏上设置如图 11-26(a) 所示的各项参数。然后，在图像上云层处涂抹，【图层】调板如图 11-28(c) 所示。

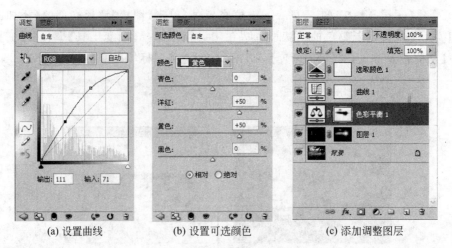

| (a) 设置曲线 | (b) 设置可选颜色 | (c) 添加调整图层 |

图 11-28　【调整】与【图层】调板

(9) 新建【图层 2】,按 Alt＋Delete 键填充黑色,选择【滤镜】|【渲染】|【镜头光晕】命令,在【镜头光晕】对话框中将光晕焦点调整到右侧,对准图像中太阳落山处,其他参数如图 11-29(a)所示。

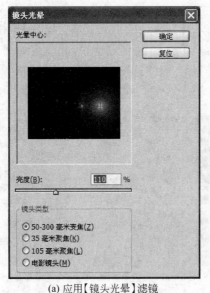

| (a) 应用【镜头光晕】滤镜 | (b)【图层】调板 |

图 11-29　【镜头光晕】对话框与【图层】调板

(10) 选择【图层 2】,设置图层混合模式为【线性减淡(添加)】,【不透明度】为 65％,对照效果如图 11-30 所示。单击【图层】调板底部的【创建新的填充或调整图层】按钮 ,在下拉菜单中选择【色相/饱和度】命令,各项参数设置如图 11-31(a)所示。选择【色相/饱和度 1】的图层蒙版,单击【画笔工具】,并在工具选项栏上设置如图 11-26(a)所示的各项参数。然后,在图像上云层处涂抹。

(11) 选择【图层 2】,单击【图层】调板底部的【添加图层蒙版】按钮 ,单击【画笔工具】,在图像上涂抹调整效果,最终效果如图 11-24(b)所示。

Photoshop CS4 图形图像处理教程

图 11-30 设置【线性减淡(添加)】模式前、后对照图

(a) 调整色相/饱和度

(b)【图层】调板

图 11-31 【色相/饱和度】调板和【图层】调板

图 11-32 Design 设计效果图

实例 4 制作如图 11-32 所示的广告设计图。要求画面比例和结构达到平衡,并通过颜色的调整,文字的效果制作和版面的编排让画面变得更加有层次、更加生动。

1) 涉及的知识点

色相与饱和度、渐变工具、画笔工具、图层蒙版、文字阴影与描边等。

2) 操作步骤

(1) 选择【文件】|【新建】命令,新建 RGB 模式文档,【宽度】为 16 厘米,【高度】为 20 厘米,【分辨率】为 72 像素,【背景色】为白色。

(2) 在工具箱中设置【前景色】为 C49、M99、Y36、k0;【背景色】为 C12、M7、Y0、k0,单击【渐变工具】,由上至下拖曳鼠标,填充【前景色到背景色】的线性渐变,保存该图像,文件名为 Design. psd,如图 11-33(a)所示。

(3) 选择【文件】|【打开】命令,打开素材图像文件"玫瑰. jpg",将素材图像"玫瑰. jpg"复制到文件 Design. psd 中,放在图像的下面位置处,如图 11-33(b)所示,【图层】调板中将自动生成一个【图层 1】。

(4) 选择【图像】|【调整】|【色相/饱和度】命令,弹出【色相/饱和度】调板,设置色相为 -40,效果如图 11-34 所示。

(5) 单击【图层】调板底部的【添加图层蒙版】按钮,在【图层 1】上建立一个图层蒙版,

(a) 填充渐变色   (b) 复制素材图像

图 11-33　渐变效果与移入的"玫瑰"图像

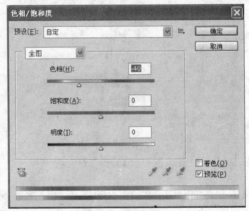

图 11-34　调节【色相/饱和度】示意图

将【前景色】设为黑色，单击【画笔工具】，设置画笔【主直径】为 200px，【硬度】为 0%，在玫瑰花图像的上部进行涂抹，效果如图 11-35 所示。

图 11-35　用【画笔工具】处理蒙版

（6）回到【图层 1】上（注意不是蒙版层上），选择【图像】|【调整】|【色相/饱和度】命令，打开【色相/饱和度】调板，设置【明度】为＋30，其他参数默认。

（7）设置【图层 1】的混合模式为【溶解】，用画笔涂抹过的地方会出现杂点的状态，效果如图 11-36(a)所示。

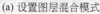

(a) 设置图层混合模式

(b) 复制图像

(c) 添加文字

图 11-36　添加图像和文字后的示意图

（8）打开素材图像文件"花丛. gif"，选择【图像】|【模式】|【RGB 颜色】命令，将图像由索引模式改为 RGB 模式，再将图像文件"花丛. gif"复制到图像中合适的位置，生成【图层 2】，如图 11-36(b)所示。

（9）再将素材图像文件 bg. jpg 打开，复制到图像上方合适的位置，单击【横排文字工具】，输入【字体】为 Arial Black，【大小】为 90 点的文字，内容为 DESIGN，颜色不限，如图 11-36(c)所示。

（10）选择【图层】|【栅格化】|【文字】命令，将文字栅格化。按住 Ctrl 键单击图层缩览图，载入文字选区，然后将文字"DESIGN"图层删除。按 Ctrl＋C 键，复制文字选区下面【图层 3】中的图像，再新建【图层 4】，按 Ctrl＋V 键将剪贴板中的文字图像粘贴到【图层 4】上，最后将【图层 3】删除，留下【图层 4】上由花丛组成的文字效果，如图 11-37(a)所示。

(a) 投影

(b) 图层描边

(c)【图层】调板

图 11-37　投影、描边与最终效果

(11) 双击【图层4】,打开【图层样式】调板,勾选左侧的【投影】和【描边】,【投影】的参数默认,【描边】的【颜色】为白色,【大小】为3像素,最终效果如图11-37所示。

实例5　利用专色通道制作合成效果的图像,图像最终效果如图11-38所示。

图11-38　合成图像的效果图

1) 涉及的知识点

图像翻转、专色通道、渐变工具、图层蒙版。

2) 操作步骤

(1) 打开素材图像文件"脸庞.jpg",选择【图像】|【图像旋转】|【水平翻转画布】命令将图像水平翻转。

(2) 选择【图像】|【画布大小】命令,在弹出的【画布大小】对话框中设置如图11-39(a)所示参数,单击【确定】按钮确认,将图像左边的空白区域增大如图11-39(b)所示。

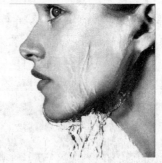

(a)【画布大小】对话框　　　　　　　　　　(b) 扩展画布

图11-39　【画布大小】对话框与调整画布后的图像

(3) 在"脸庞.jpg"的【通道】调板上,单击右上角的菜单按钮≡,在弹出的菜单中选择【新建专色通道】命令,【通道】调板上就增加了一个【专色1】的通道,如图11-40(a)所示。再在如图11-40(b)所示的【新建专色通道】对话框中设置颜色为♯619ff4,单击【确定】按钮,这样在"脸庞.jpg"上就新建了一个专色通道。

(4) 打开如图11-41(a)所示素材图像文件"桥.jpg",在【图层】调板中双击【背景层】,在弹出的【新建图层】对话框中单击【确定】按钮,可将【背景层】转换成可编辑的【图层0】。

(5) 单击【图层】调板底部的【添加图层蒙版】按钮■,在工具箱中选择【渐变工具】按钮

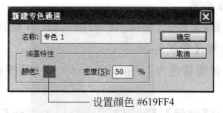

设置颜色 #619FF4

(a) 添加专色通道　　　　　　　(b)【新建专色通道】对话框

图 11-40　新建专色通道

![icon] ，设置【前景色】为白色，【背景色】为黑色，然后从图像左边向右边拖曳出鼠标，得到的效果如图 11-41(b)所示。

(a) 原图像　　　　　　　(b) 添加图层蒙版　　　　　　　(c) 拼合图像

图 11-41　用蒙版处理图像的前、后效果

(6) 单击【图层】调板右上角的菜单按钮 ![icon]，在弹出的菜单中选择【拼合图像】命令，将蒙版与图像拼合，效果如图 11-41(c)所示。至此，对"桥.jpg"的处理基本完成。

(7) 按 Ctrl＋A 键选中"桥.jpg"的所有像素，再按 Ctrl＋C 键将其复制到剪贴板中。切换到图像"脸庞.jpg"，并确认当前通道为刚才创建的【专色通道 1】，按 Ctrl＋V 键将剪贴板中的图像粘贴入其中，效果如图 11-42(a)所示。

(a) 贴入图像　　　　　　　(b) 变换图像

图 11-42　将"桥.jpg"的图像粘贴入"脸庞.jpg"的专色通道中

(8) 选择【编辑】|【自由变换】命令，或按 Ctrl＋T 键，将图像调整并移动到合适的位置，最终效果如图 11-42(b)所示。

实例 6　不用任何素材，利用各种滤镜效果制作小火球。

1) 涉及的知识点

纹理滤镜、像素化滤镜、风格化滤镜、扭曲滤镜、模糊滤镜等。

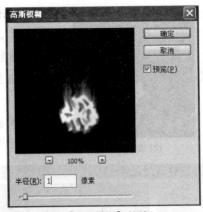

(a)【高斯模糊】对话框

(b) 应用滤镜后的效果

图 11-47 【高斯模糊】滤镜对话框及效果

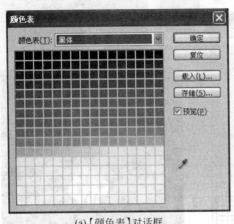

(a)【颜色表】对话框

(b) 最终图像结果

图 11-48 【颜色表】对话框与最终效果

(a)所示。

　　(2) 切换到【通道】调板,选中【绿通道】,将其拖曳到调板底部的【创建新通道】按钮上,复制【绿通道】的副本,如图 11-49(b)所示。

(a) 原图像

(b) 复制通道

图 11-49 风雪效果素材与【通道】调板

（3）对【绿通道】副本应用【滤镜】|【艺术效果】|【胶片颗粒】命令，参数设置如图 11-50 所示。

图 11-50　【胶片颗粒】参数设置

（4）切换到【图层】调板，单击调板底部的【新建图层】按钮，新建【图层 1】。选择【选择】|【载入选区】命令，在【载入选区】对话框的【通道】下拉列表中选择【绿副本】，如图 11-51 所示，效果如图 11-52(a)所示。然后图像的天空处填充白色，效果如图 11-52(b)所示。

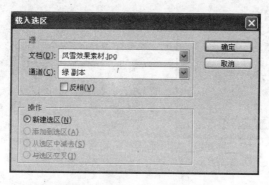

图 11-51　【载入选区】参数设置

(a) 载入选区

(b) 填充选区

图 11-52　填充白色前、后效果

（5）选择【图层】调板中的【图层 1】，选择【图层】|【图层样式】|【斜面与浮雕】命令，添加【斜面和浮雕】的图层样式，参数设置如图 11-53 所示。

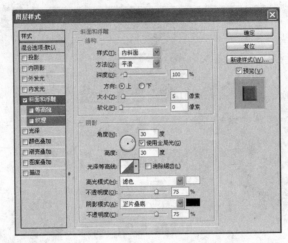

图 11-53　【斜面和浮雕】参数设置

（6）按 Ctrl＋D 键，取消选择。然后新建【图层 2】，填充背景为白色。选择【滤镜】|【像素化】|【点状化】命令，参数设置如图 11-54（a）所示，填充效果如图 11-54（b）所示。

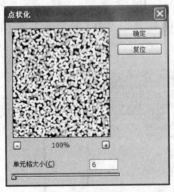

(a)【点状化】对话框　　　　　　　　　(b) 应用点状化滤镜后的效果

图 11-54　【点状化】参数设置及填充效果

（7）选择【图像】|【调整】|【阈值】命令，打开【阈值】对话框，设置参数与预览效果如图 11-55 所示。

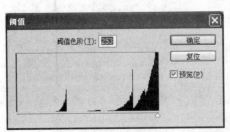

(a)【阈值】对话框　　　　　　　　　(b) 设置阈值后的效果

图 11-55　【阈值】参数设置与效果

（8）设置【图层 2】图层模式为【滤色】，得到如图 11-56 所示的效果。

图 11-56　选择【滤色】后的效果

（9）选择【滤镜】|【模糊】|【动感模糊】命令，参数设置如图 11-57（a）所示，最终效果如图 11-57（b）所示。

（a）【动感模糊】对话框　　　　　　　　（b）最终效果

图 11-57　【动感模糊】滤镜参数设置及效果

实例 8　制作如图 11-58 所示的旅游宣传广告，要求风格突出，画面更加生动。

图 11-58　"海南景点"旅游广告

1）涉及的知识点

文字编辑、图层蒙版、选区描边、自定义形状、载入选区、渐变工具等。

2）操作步骤

（1）选择【文件】|【新建】命令，新建 RGB 模式文档，【宽度】为 15 厘米，【高度】为 10 厘米，【分辨率】为 200 像素/英寸，【背景色】为白色。

（2）在工具栏中设置【前景色】为浅蓝色。选择【编辑】|【填充】命令，或按 Alt＋Delete 键填充前景色。将文件保存为"旅游广告.psd"。

（3）选择【文件】|【打开】命令，打开素材图像文件"天涯海角.jpg"，如图 11-59 所示。按 Ctrl＋A 键将画面全选，按 Ctrl＋C 键复制，切换到"旅游广告.psd"的图像窗口，按 Ctrl＋V 键将粘贴图像。

图 11-59　"天涯海角"的图像

（4）按 Ctrl＋T 键将图像放大缩小到适合的大小，单击【图层】调板中的【新建图层】按钮，新建一个图层，为该图层制作一个渐变的效果。

（5）选择工具箱中的【渐变工具】，将【前景色】设置为蓝色，【背景色】设置为白色。选择工具选项栏中的【径向渐变】，按住 Shift 键，由上向下拖曳鼠标，完成效果如图 11-60 所示。

（6）选择【滤镜】|【杂色】|【添加杂色】命令，在弹出的【添加杂色】对话框中设置默认参数，如图 11-61 所示，图像上便会出现杂色的效果。设置【图层 2】的【不透明度】为 15％。

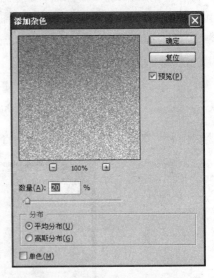

图 11-60　径向渐变效果　　　　　图 11-61　【添加杂色】对话框

（7）选择【文件】|【打开】命令，打开素材图像文件"南天一柱.jpg"的图像，如图 11-62（a）所示。选择【移动工具】将"南天一柱.jpg"的图像移到"旅游广告.psd"的工作窗口中，按 Ctrl＋T 键将图像放大缩小到适合的大小，按 Enter 键，效果如图 11-62（b）所示。

(a) 原图像

(b) 复制并调整图像大小

图 11-62　添加"南天一柱"的图像

（8）单击【图层】调板底部的【创建蒙版】按钮◙，建立一个图层蒙版，选择【画笔工具】中适当的笔尖大小，将【前景色】设置为黑色，【背景色】设置为白色。用【画笔工具】把"南天一柱"的图片周围的白色区域涂抹掉，让它与背景结合得更加自然，效果如图 11-63（a）所示。【图层】调板如图 11-63（b）所示。

(a) 修饰图像

(b) 创建图层蒙版

图 11-63　用蒙版合成"南天一柱"的图像

（9）选择【文件】|【打开】命令，打开素材图像文件"05.jpg"，如图 11-64（a）所示。用步骤（8）图层蒙版的方法将其合成到"旅游广告.psd"的图像中，效果如图 11-64（b）所示。

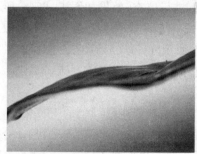
(a) 素材图片

(b) 添加素材

图 11-64　用蒙版合成图像之一

（10）选择【文件】|【打开】命令，打开素材图像文件"06.png"，如图 11-65（a）所示。用步

骤(8)图层蒙版的方法将其合成到"旅游广告.psd"的图像中,效果如图 11-65(b)所示。

(a) 素材图片　　　　　　　　　　　(b) 添加素材

图 11-65　用蒙版合成图像之二

(11) 单击【图层】调板中的【新建图层】按钮，新建【图层 6】,用工具箱中的【矩形选框工具】在图像中绘制一个长方形选区,并选择【编辑】|【描边】命令,进行描边,【描边】对话框设置如图 11-66(a)所示。描边效果如图 11-66(b)所示。按 Ctrl＋D 键取消选区。

(a)【描边】对话框　　　　　　　　　(b) 选区描边

图 11-66　给矩形选区描边

(12) 用工具箱中的【矩形选框工具】，在图像边框上绘制一个长方形选区,使用减少选区的方式在图像中画出一个矩形选区,并选择【编辑】|【描边】命令,在【描边】对话框中,设置【宽度】为 20px,【颜色】为黑色,【位置】为【内部】,进行填充,效果如图 11-67(a)所示。

(13) 选择工具箱中的【横排文字工具】,选择【前景色】为黑色,在图像左侧输入 Hai Nan Tourist Attractions,工具选项栏设置如图 11-67(a)所示。选择【图层】|【图层样式】|【描边】命令,对文字添加 2 像素的白色描边,效果如图 11-67(b)所示,图层如图 11-67(c)所示。

(14) 选择工具箱中的【自定形状工具】,单击工具选项栏中【形状】的下拉按钮,打开【形状】调板,如图 11-68 所示。单击【形状】调板右边的菜单按钮,选择【载入形状】命令,将素材文件夹中的外置形状装入系统,选择如图 11-68 所示的花边形状。

(15) 选择【文件】|【新建】命令,新建 RGB 模式文档,【宽度】为 150px,【高度】为 150px,【分辨率】为 72 像素/英寸,【背景色】为白色。绘制如图 11-69(a)所示的图形,按 Ctrl＋Enter 键载入选区。单击【图层】调板底部的【删除】按钮,删除【形状 1】图层,保留选区,如

Photoshop CS4 图形图像处理教程

(a) 工具选项栏

(b) 添加文字并描边

(c)【图层】调板

图 11-67　添加白色描边文字

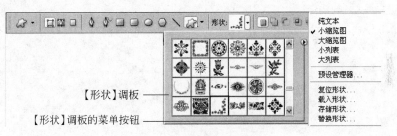

【形状】调板

【形状】调板的菜单按钮

图 11-68　【形状】调板

图 11-69(a)所示。

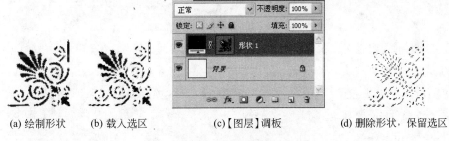

(a) 绘制形状　　　　(b) 载入选区　　　　(c)【图层】调板　　　　(d) 删除形状，保留选区

图 11-69　获取自定形状的选区

（16）选择【编辑】|【拷贝】命令或按 Ctrl＋C 键，将选区内容复制，然后切换到"旅游广告.psd"工作窗口，按 Ctrl＋V 键将选区粘贴到图像中。按 Ctrl＋T 键调整大小，将其放置到合适的位置，最终效果如图 11-58 所示。

参 考 文 献

[1] 锐艺视觉. Photoshop 图像处理经典技法 200 例. 北京：中国青年出版社，2007.

[2] 锐艺视觉. Photoshop CS2 特效设计经典 150 例. 北京：中国青年出版社，2007.

[3] 曹天佑. Photoshop 中文标准培训教程. 北京：电子工业出版社，2009.

读者意见反馈

亲爱的读者：

感谢您一直以来对清华版计算机教材的支持和爱护。为了今后为您提供更优秀的教材，请您抽出宝贵的时间来填写下面的意见反馈表，以便我们更好地对本教材做进一步改进。同时如果您在使用本教材的过程中遇到了什么问题，或者有什么好的建议，也请您来信告诉我们。

地址：北京市海淀区双清路学研大厦 A 座 602 室 计算机与信息分社营销室 收

邮编：100084　　　　　　　　　　　电子邮件：jsjjc@tup.tsinghua.edu.cn

电话：010-62770175-4608/4409　　　邮购电话：010-62786544

教材名称：Photoshop CS4 图形图像处理教程
ISBN：978-7-302-21803-6

个人资料

姓名：＿＿＿＿＿＿＿　年龄：＿＿＿＿＿　所在院校/专业：＿＿＿＿＿＿＿＿＿

文化程度：＿＿＿＿＿＿　通信地址：＿＿＿＿＿＿＿＿＿＿＿＿＿＿＿＿＿＿

联系电话：＿＿＿＿＿＿　电子信箱：＿＿＿＿＿＿＿＿＿＿＿＿＿＿＿＿＿＿

您使用本书是作为： □指定教材 □选用教材 □辅导教材 □自学教材

您对本书封面设计的满意度：

□很满意 □满意 □一般 □不满意　改进建议＿＿＿＿＿＿＿＿＿＿＿＿＿＿

您对本书印刷质量的满意度：

□很满意 □满意 □一般 □不满意　改进建议＿＿＿＿＿＿＿＿＿＿＿＿＿＿

您对本书的总体满意度：

从语言质量角度看 □很满意 □满意 □一般 □不满意

从科技含量角度看 □很满意 □满意 □一般 □不满意

本书最令您满意的是：

□指导明确 □内容充实 □讲解详尽 □实例丰富

您认为本书在哪些地方应进行修改？（可附页）

＿＿＿＿＿＿＿＿＿＿＿＿＿＿＿＿＿＿＿＿＿＿＿＿＿＿＿＿＿＿＿＿＿＿＿

＿＿＿＿＿＿＿＿＿＿＿＿＿＿＿＿＿＿＿＿＿＿＿＿＿＿＿＿＿＿＿＿＿＿＿

您希望本书在哪些方面进行改进？（可附页）

＿＿＿＿＿＿＿＿＿＿＿＿＿＿＿＿＿＿＿＿＿＿＿＿＿＿＿＿＿＿＿＿＿＿＿

＿＿＿＿＿＿＿＿＿＿＿＿＿＿＿＿＿＿＿＿＿＿＿＿＿＿＿＿＿＿＿＿＿＿＿

电子教案支持

敬爱的教师：

为了配合本课程的教学需要，本教材配有配套的电子教案（素材），有需求的教师可以与我们联系，我们将向使用本教材进行教学的教师免费赠送电子教案（素材），希望有助于教学活动的开展。相关信息请拨打电话 010-62776969 或发送电子邮件至 jsjjc@tup.tsinghua.edu.cn 咨询，也可以到清华大学出版社主页（http://www.tup.com.cn 或 http://www.tup.tsinghua.edu.cn）上查询。

高等学校计算机基础教育教材精选

网络数据库技术实验与课程设计　舒后　何薇　　　ISBN 978-7-302-20251-6
网页设计创意与编程　魏善沛　　　　　　　　　ISBN 978-7-302-12415-3
网页设计创意与编程实验指导　魏善沛　　　　　ISBN 978-7-302-14711-4
网页设计与制作技术教程(第 2 版)　王传华　　　ISBN 978-7-302-15254-8
网页设计与制作教程(第 2 版)　杨选辉　　　　　ISBN 978-7-302-17820-0
网页设计与制作实验指导(第 2 版)　杨选辉　　　ISBN 978-7-302-17729-6
微型计算机原理与接口技术(第 2 版)　冯博琴　　ISBN 978-7-302-15213-2
微型计算机原理与接口技术题解及实验指导(第 2 版)　吴宁　　ISBN 978-7-302-16016-8
现代微型计算机原理与接口技术教程　杨文显　　ISBN 978-7-302-12761-1
新编 16/32 位微型计算机原理及应用教学指导与习题详解　李继灿　　ISBN 978-7-302-13396-4